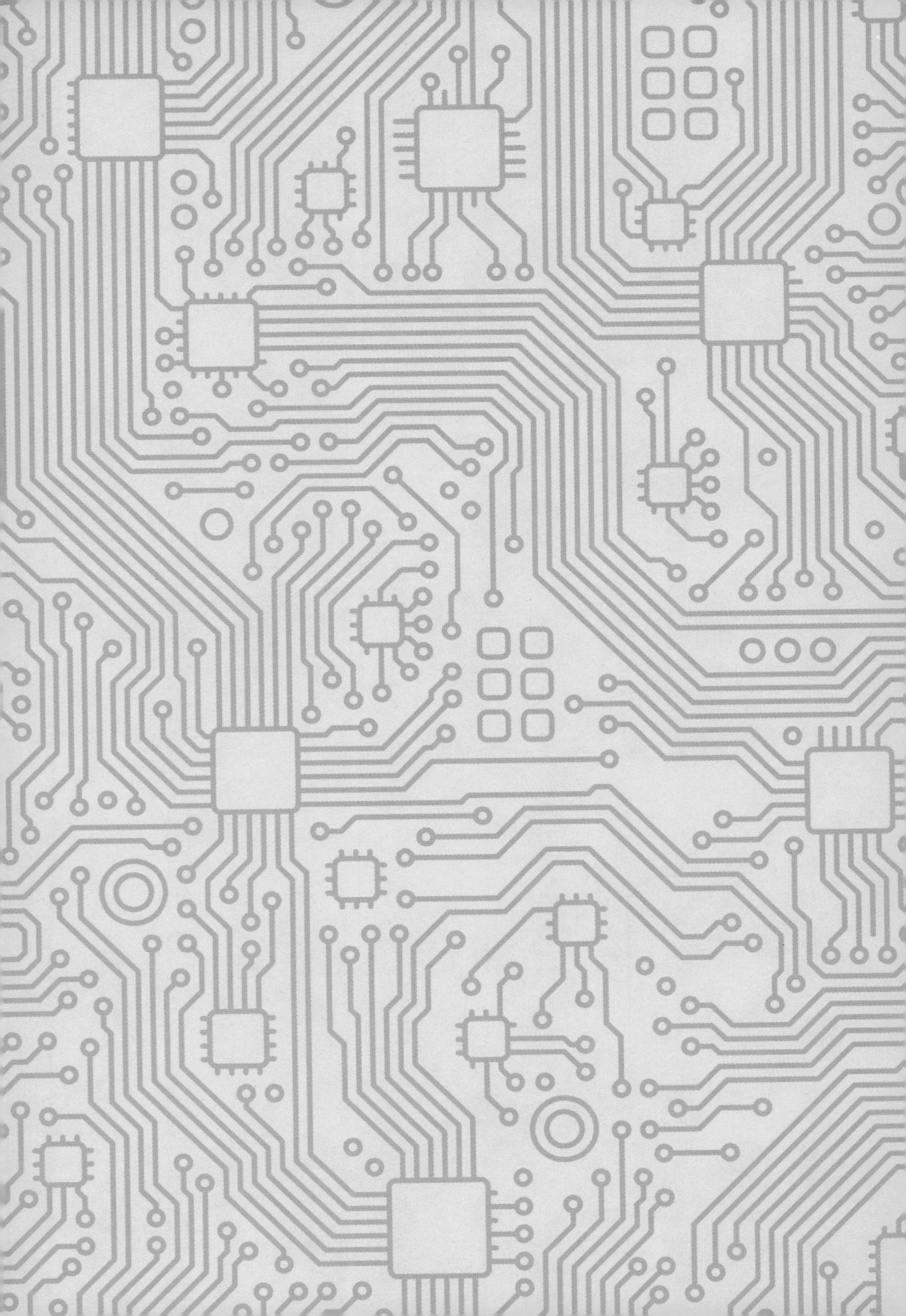

A

I

从中世纪的机器人到现代神经网络

[美]克利福德·皮寇弗 著

李玉珂 王建功 王飞跃 译

人工智能之书

重庆大学出版社

“我们试图发现怎样让机器使用语言，形成抽象和概念，解决目前摆在人类面前的各种问题，并不断改进自己……就当前的目标而言，人工智能问题被看成——让机器以类似人类的行为方式来运行才能被称为智能。”

——约翰·麦卡锡（John McCarthy），马文·明斯基（Marvin Minsky），纳撒尼尔·罗切斯特（Nathaniel Rochester）和克劳德·香农（Claude Shannon），《关于人工智能的达特茅斯夏季研究项目提案》（*Proposal for the Dartmouth Summer Research Project on Artificial Intelligence*，1955）

“如今，人工智能的梦想已经从电影和小说中走出来，变成了现实。人工智能可以用于自动驾驶、股票和证券交易，通过观看YouTube视频执行复杂的技能，翻译数十种不同的语言，比人类更准确地识别人脸，还能创造原始假设以帮助发现新的药物用于治疗疾病。而这仅仅是个开始。”

——卢克·多梅尔（Luke Dormehl），《人工智能：改变世界，重建未来》（*Thinking Machines*，2016）

“直到机器能因为
思想和情感，而并非符号的随机
组合来写出一首十四行诗或者一首协奏
曲时，我们才能认同机器等于大脑，也就是
，机器不仅能写还能理解它所写的内容。”

——杰弗里·杰弗逊（Geoffrey Jefferson）教授，
《机械人的思想》（*The Mind of Mechanical Man*，1949）

“无论我们是碳基
生命还是硅基生命，其实都没有
根本的区别；我们每个生命都应该受到
合适的尊重。”

——阿瑟·C. 克拉克（Arthur C. Clarke），《2010：太空漫游》
（*2010: Odyssey Two*，1984）

“由于人工智
能是从哲学、数学、心理学甚至神经
学等多个领域涌现出来的，它引出了关于人类
智力、记忆、身心、语言起源、符号推理、信息处理
等基本问题。人工智能研究人员就像古代的炼金术士
一样，试图从普通金属中创造黄金，试图从无限小的氧化
硅中创造会思考的机器。”

——丹尼尔·克雷维尔（Daniel Crevier），
《AI：探索人工智能的动荡历史》（*AI: The Tumultuous History of the Search for Artificial Intelligence*，1993）

这不过是将来之事的前奏，也是将来之事的影子。

——艾伦·图灵

译者推荐序

人工智能之史：未来定义历史

滴水见大海，大海之后，就是无限的汪洋。克利福德·皮寇弗的《人工智能之书》，就是希望化人类在探索智能历史长河中的点点滴滴，为读者脑海中关于人工智能畅想的新波浪，进而汇成新时代开发利用智能科技的新汪洋。

本书的作者是语言合成和设计自动化领域的资深研发人员，曾任《IBM 研发杂志》（*IBM Journal of Research and Development*）主编，更是一位多产著名的科普作家。本书是克利福德的近作，描述了从公元前 1300 年到 2018 年之间 100 个关于人工智能的人类发明与创造。此书让人“着迷上瘾”（addictive），英文版好评如潮，中文版如何，有待读者品赏。

此书中文版的发行，恰逢 AlphaGo 后的新一波人工智能的社会热潮，就是时下 ChatGPT 所引发的对人工智能生成内容（AIGC）和人工通用智能（AGI）的大讨论或大“躁动”：人们对人工智能可以干什么越来越好奇，希望越来越高，期望越来越大，结果是更多的人越来越担心，有人担心失去机会，有人担心失去工作，还有人担心什么奇点来了，机器将有超越人的智力和自我意识，恐惧“潘多拉魔盒”已打开，人类将沦为机器的奴隶。

我们正在经历一场人工智能全民普及，相信本书将有助于你考虑如何面对这样一个令人激动的历史时期。通过书中一件件历史小故事，或许你会同意我的看法：不必担心人工智能或智能科技，机器不会拥有人类原生态的智能和意识，但它们一定有重新定义的或广义的智能和意识，机器智能和人工智能，终将成为我们人类智能的一部分，并在许多方面超过人，就像马和汽车比人跑得快，鸟和飞机比人“飞”得高一样，不必惊慌，妥善应用即可。我们都习惯把虚数称为数了，习惯把人工智能称为智能的时候也不会太久。

本书从公元前 1300 年左右古埃及的井字棋开始，到现代神经网络。读完本书，我最意外的收获就是知道了“抖音”的英文名“TikTok”的真正源头：美国作家鲍姆（Lyman Frank Baum，1856—1919）发表于1907年的小说 *Tik-Tok of Oz* 中的智能铜制机器人。这也让我想起电影《绿野仙踪》（*The Wizard of Oz*）中的两个“人机器”——“稻草人”（Scarecrow）和“铁皮人”（Tin Woodman）：一个要脑，人的智力；一个要心，人的心力；合起来就是人类的智能和意识，这不正是通用人工智能想要的东西？研究通用人工智能，我们或许还需要一点“胆小狮”（Cowardly Lion）所追求的勇气。随着ChatGPT-4的风行，居然有上千人联名公开呼吁暂停训练比GPT-4更强大的AI系统，担心AI未来可能会对人类产生严重威胁。其实，AI的发展是人类社会前进的必经之路，暂停进步难以也不应成为选项，我们需要鼓起勇气继续向前。同时，尽快建立起安全可信的框架规范其发展，确保AI始终“行驶”在促进人类健康发展的轨道上。

随着智能科学和技术的发展，未来的人类也会人工化广义化，将由数字人、机器人和生物人共同组成，多于80%的人是数字人，少于15%的是机器人，生物人不到5%。我们的一天是这样度过的，上午（AM）：我们在自主模式（Autonomous Mode），由人工智能主导，生物人只是监控，占一天的80%以上的时间；下午（PM）：我们在平行模式（Parallel Mode），由人类智能和人工智能一起主导，生物人在云端遥控远端机器人和数字人，占一天的15%以下的时间；晚间（EM）：我们进入晚会（Evening），或者专家模式（Expert Mode）或者应急模式（Emergency Mode），视提高水平或救急救命而定，此时生物人专家或特种组织将以“快递”的方式到达现场，完成任务，但这种模式不可以超过一天的5%，否则智能科技就失去其存在和发展的意义。

这就是我对人工智能和智能科技的认识，我坚信机器永远不会超越甚至奴役人类，除非我们改变“超越”和“奴役”的定义。而且，这些技术的广泛应用只能改变我们的工作方式，让人类的生活更美好，绝不可能也更不允许让我们失业甚至成为机器的奴隶。

这也是我协助二位毕业的博士生译完此书的体会，希望大家开卷有益，更好地了解时代科技的来源和发展。

王飞跃

中国科学院复杂系统管理与控制国家重点实验室

2023年4月16日

于北京润泽书居

目 录

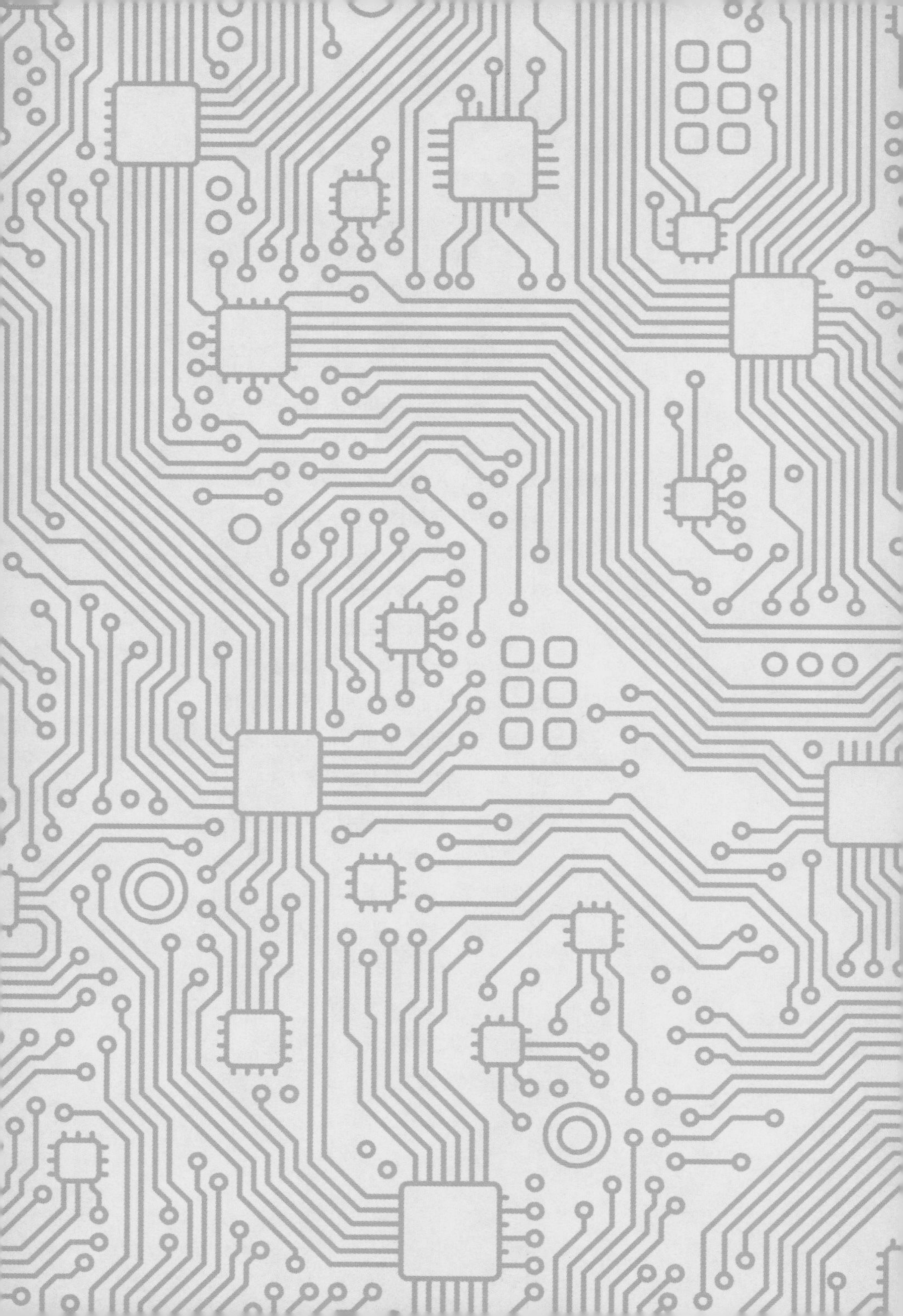

引　言

“生物智能所占据的只是早期生命和漫长机器时代之间的一小段时间碎片。”

——马丁·里斯（Martin Rees），对话，2017 年 4 月采访

人工智能及其未来

“很多前沿的人工智能技术已经渗透到常见应用中，这通常不被称为人工智能，因为一旦某样东西变得足够有用和普及，它就不再被称为人工智能了。”

——尼克·博斯特罗姆（Nick Bostrom），
“人工智能将超越人类脑力”，CNN.com, 2006 年

纵观历史，心灵的奥秘、思想的本质和人造生命的可能性一直吸引着艺术家、科学家、哲学家，甚至是神学家们。在神话、艺术、音乐和文学中，涉及自动装置（automata）——模仿生物制造的自动机设备和故事无处不在。我们对人工智能（Artificial Intelligence, AI）——指机器的智能行为——的兴趣在恐怖或科幻主题的大制作电影或电子游戏里均有体现，例如有情感的机器人和难以理解的先进智能。

在本书中，我们将开始一场按年代排序的漫长时光之旅，从古代游戏到先进的现代计算方法，其中现代计算方法涉及人工神经网络，通常使用很少或没有明确任务的程序和规则来学习和改进它们的性能。在这场旅行途中，我们会遇到一些奇特而难以理解的奇迹，例如亚瑟王传奇的神秘铜骑士和位于法国阿尔萨斯的斯特拉斯堡大教堂中世纪天文钟上真人大小的机械雕像。我们还将邂逅法国发明家雅克·德·沃康森(Jacques de Vaucanson) 的机械鸭，一只超现实的鸭子机器人，这只鸭子不仅启发了250 多年后的美国作家托马斯·品钦（Thomas Pynchon）创作历史小说《梅森和狄克森》（*Mason & Dixon*），还启发了13 世纪的加泰罗尼亚的哲学家拉蒙·勒

尔（Ramon Llull）率先提出了一种系统性方法——通过使用一种机械设备来人工地产生创意。时间跳跃到 1893 年，我们与古怪而有趣的《电子鲍勃的大黑鸵鸟》（*Electric Bob's Big Black Ostrich*）碰面了，这部小说与《大草原上的蒸汽人》（*The Steam Man of the Prairies*）系列以反映维多利亚时代蒸汽朋克运动中人们对所有机械设备日益高涨的热情而闻名。

到更近现代的时期，我们与 IBM 的阿瑟·塞缪尔（Arthur Samuel）相遇，他在 1952 年实现了一种最早用于玩跳棋的计算机程序，随后在 1955 年又设计了一个在无外界干扰的情况下具有自主学习功能的游戏程序。如今，"人工智能"这个术语通常指的是用于学习、解决问题以及使用自然语言处理与人交互的系统。亚马逊的 Alexa、苹果的 Siri 和微软的 Cortana 等智能个人助理都体现了人工智能某些方面的功能。

在本书中，我们还将讨论有关人工智能道德伦理的有趣问题，甚至如何对待高级人工智能实体的挑战性问题，高级人工智能是否会发展成危险的超级智能，是否应被放在一个与外界隔离的"防泄漏"盒子里？当然，人工智能的边界和范围是随着时间变化的，一些专家提出了包容性的定义，允许一部分技术帮助人类完成认知任务。因此，为了更好地理解人工智能的历史，我们还介绍了一些设备或机器，这些设备或机器解决了需要人类思考和计算的问题，包括算盘、安提基西拉机器（约公元前 125 年）、ENIAC（1946 年）等。毕竟，没有这些早期的技术，我们的现代世界中就不会有先进的棋类游戏和汽车驾驶系统。

当您阅读本书时，请牢记：即使我们认为一些有关人造生命的历史观点或预测很牵强，但在更快、更先进的计算机硬件上实施时，旧的观点可能会突然变得可行。我们的技术预测乃至猜想 是体现人类理解力和创造力的极佳最小模型，它们帮助我们得以跨越文化和时间，同时彼此之间相互理解，并且领悟那些值得敬畏或者有益于社会的内容。然而，在赞美人类想象力和独创性的同时，讨论意料之外的后果也非常重要，包括人工智能的潜在危险。正如理论物理学家史蒂芬·霍金（Stephen Hawking）在 2014 年接受 BBC 采访时所言，"人工智能的全面发展将导致人类的灭亡……人工智能会靠自己腾飞，并以不断加快的速度重塑自我。而人类受限于缓慢的生物进化无法与其竞争，最终将被取代。”换句话说，人工智能将变得足够聪明和有能力来不断进化自己，从而创造出一种给人类带来 巨大威胁的超级智能。这种失控的技术增长形式，有时被称为技术奇点（technological singularity），可能会给文明、社会和人类生活带来难以想象的变化。

因此，尽管人工智能的潜在好处数不胜数，例如赋能自动驾驶汽车、使业务流程更高效，甚至在无数领域成为人类的伙伴。但针对某些特定领域，人类需要格外谨慎。例如开发自动武器系统以及过度依赖某些时刻不可预测的人工智能技术。有研究表明，通过一种人类无法感知的方式修改图像，一些人工神经网络图像系统很容易被“欺骗”，譬如把动物误识别成步枪，或将飞机误识别成狗。一旦恐怖分子使用的无人机把商场或医院误认为是军事目标，后果将非常可怕。另一方面，也许配备合适传感器和具有道德准则的武器也能减少平民伤亡。为确保人工智能的惊人优势不会被其潜在危险所掩盖，做出明智的决策非常必要。

随着我们越来越依赖许多基于复杂深度学习神经网络的人工智能技术，一个有趣的研究领域正慢慢形成，它聚焦于开发出能向人类解释如何做出某些决定的人工智能系统。然而，迫使人工智能解释自身有可能会削弱它们的能力（至少在某些应用中是这样）。这些机器大部分能够创造出更为复杂并且人类难以理解的现实模型。人工智能专家大卫·冈宁（David Gunning）甚至表示，性能最好的人工智能将最难被理解。

本书的架构和目标

“当今世界上有一些机器能够思考、学习和创造（知识）。而且，它们处理这些事情的能力在可预见的未来将迅速增长，这些机器处理问题的范围将随人类思维的应用范围共同延伸。” 5

——赫伯特·西蒙（Herbert Simon）和艾伦·纽厄尔（Allen Newell）

我很长一段时间内对科学无主之地的计算和话题很感兴趣，写这本书的目的是为广大读者提供一份关于人工智能史上独特和重要实践观点的简要指南。“人工智能”这一术语直到1955年才由计算机科学家约翰·麦卡锡（John McCarthy）提出。此书每个条目的篇幅都不长，读者随意翻开任一条目都可以直接阅读。当然这意味着本书无法对某个主题展开深入的研究。但是，在全书的最后，我给出了一些延伸阅读的参考文献，以及被引作者各种引述的来源。

本书涉及哲学、流行文化、计算机科学、社会学和神学等不同的研究领域，也包括我个人感兴趣的话题。事实上，在我年轻的时候，我迷上了贾西娅·赖卡特（Jasia Reichardt）1969年出版的《控制论的意外发现：计算机与艺术》（*Cybernetic Serendipity: The Computer and the Arts*）一书；这本书以计算机生成的诗歌、绘画、音乐、图形等为特色。我还特别着迷于人工智能专家在艺术领域所取得的进步，他们使用生成式对抗网络（Generative Adversarial Networks, GANs）生成令人惊叹的逼真图像，譬如模拟的人脸、花卉、鸟类、时装设计、音乐和房间内饰。GANs使用两个博弈对抗的神经网络，其中一个网络生成想法和模式，另一个则判断结果。

如今，人工智能的应用似乎是无限的，每年都有数十亿美元投资于人工智能的发展。人工智能技术已经被用来解密梵蒂冈的秘密档案，并被尝试在这个庞大的历史收藏中解析复杂的手写文本。人工智能还被用于地震预测、医学图像和语音的解析，以及根据医院电子健康记录中的患者信息来预测一个人的死亡时间。在此之前，人工智能已被用于生成幽默笑话、数学定理、专利、游戏和谜题、天线的创新设计、全新的绘画色彩、香水，等等。如今我们可以与手机或其他智能设备进行对话，而未来，我们与机器的关系将变得更加亲密。遗憾的是，一本书中很难涵盖所有与人工智能和人造生命相关的伟大科学、历史和文化概念。因此，在思考人工智能的奥秘时，我不得不忽略许多重要的话题，所以这本书真切地反映了我个人的兴趣、强项和短处。我负责选择本书包含的条目，同时也对书中可能存在的错误和不妥之处负责。

本书条目根据关键事件、出版物或相关发现的对应年份按时间顺序组织，因此每个条目的日期也值得推敲。有些日期是基于我调查过的同行和其他有趣的思想家确定的，有些日期是某个概念获得特别关注的标志时间点，还有些日期是近似推断的。只要有可能，我都会努力给出所用日期的理由。

你还会注意到1950年以后条目的数量有所增加。《AI：探索人工智能的动荡历史》（*AI: The Tumultuous History of the Search for Artificial Intelligence*，1993）一书的作者丹尼尔·克雷维尔（Daniel Crevier）在20世纪60年代指出，人工智能已呈现出“百花齐放”的姿态。人工智能研究人员已经将他们的最新编程技术应用到了许多问题上，这些问题虽然真实存在，但都经过了精细的简化，一方面是为了将待解决的问题独立出来，另一方面也是为了适应当时计算机的微小内存。”

意识的奥秘、人工智能的上限以及心理的本质事实上从古代就引起了人们的兴趣，并将在未来的一段时间成为研究热点。作者帕梅拉·麦考达克（Pamela McCorduck）在她的著作《机器思维》（*Machines Who Think*）中提出，人工智能起源于一个古老的愿望，即“铸造神灵”。

未来人工智能的发展将是人类最伟大的成就之一。人工智能的故事不仅关乎我们将如何塑造未来，还关乎人类将如何与周围不断加速发展的智能和创造力相融合。一百年后“人类”意味着什么？随着人工智能应用的普及，社会将变成什么样子？就业将受到怎样的影响？人们会和机器人相爱吗？

如果人工智能的方法和模型已经被用于帮助确定雇佣谁来工作、和谁约会、哪个犯人获得假释、哪个人有可能患上精神病，以及决定怎样驾驶无人汽车和无人机，那么未来我们会赋予人工智能多大的权力来控制我们的生活？随着它们越来越多地帮助我们做决定，人工智能会因容易被愚弄而犯下严重错误吗？人工智能研究者如何更好地理解为什么某些机器学习算法和架构比其他算法和架构更有效，同时也使人工智能研究人员更容易复现彼此的结果和实验？

此外，我们如何确保人工智能驱动的设备以合乎道德准则的方式运行，机器能否拥有和人类一样的心理状态和感受？当然，人工智能设备将帮助我们提出新想法，构筑新梦想，为我们虚弱的大脑充当“假肢”。我认为，人工智能培养了一种对思维极限、人类未来，以及在广阔时空景观中我们称之为家的地方永葆好奇的状态。

约公元前 1300 年

井字棋 001

关于井字棋游戏，考古学家可以追溯到公元前 1300 年左右古埃及的“三个连一行游戏”。在井字棋游戏中，两个玩家轮流在一个 3×3 的网格空间里用“O”和“X”符号标记。首先把自己的三个标记放置在水平、垂直或对角线上的那个玩家获胜。

我们之所以对井字棋感兴趣，是因为它经常被用来介绍人工智能和计算机编程，因为搜索它的游戏树非常简单（其中点代表游戏中棋子的位置，线代表走棋）。井字棋是一个具有“完美信息”的游戏，因为所有的玩家都已知发生的所有动作。这也是一个无随机性的序贯博弈，由玩家轮流进行，并不使用骰子。 1

井字棋可以被认为是一个“原子”。几个世纪以来，更高级的基于位置的游戏“分子”就是在这个原子的基础上建立起来的。只要稍加变化和扩展，井字棋这个简单的游戏就会变成一个奇妙的挑战，需要大量的时间来掌握。数学家和智力游戏爱好者们已经把井字棋扩展到更大的棋板、更高的维度和更奇特的游戏表面上来玩，例如在边缘处连接形成圆环（类似于甜甜圈形状）或克莱因瓶（只具有一面的平面）的矩形或方形板上。

在经典的井字棋扩展玩法中，玩家可以将他们的“X”和“O”以 362 880（或 9!）种方式填满井字棋板。然而，考虑到所有以 5 步、6 步、7 步、8 步和 9 步结束游戏的情况，井字棋游戏中就有 255 168 种可能。1960 年，MENACE 人工智能系统（一个由彩色珠子和火柴盒组成的精巧装置）学会了使用强化学习（Reinforcement Learning, RL）技能来玩井字棋。20 世纪 80 年代初，计算机天才丹尼·希利斯（Danny Hillis）、布莱恩·西尔弗曼（Brian Silverman）和朋友们用 10 000 个微型部件（Tinkertoy pieces）制造了一台能玩井字棋游戏的 Tinkertoy® 电脑。1998 年，多伦多大学的研究人员和学生发明了一个机器人，可以和人一起玩三维（4×4×4）井字棋游戏。

· 意识磨坊（1714 年），强化学习（1951 年），四子棋（1988 年），奥赛罗（1997 年），破解游戏 Awari（2002 年）

通过将 3×3 游戏扩展到更高维度和更大的棋盘尺寸，例如文中提到的 4×4×4 棋盘，使得井字棋对人类和人工智能都更具挑战性。

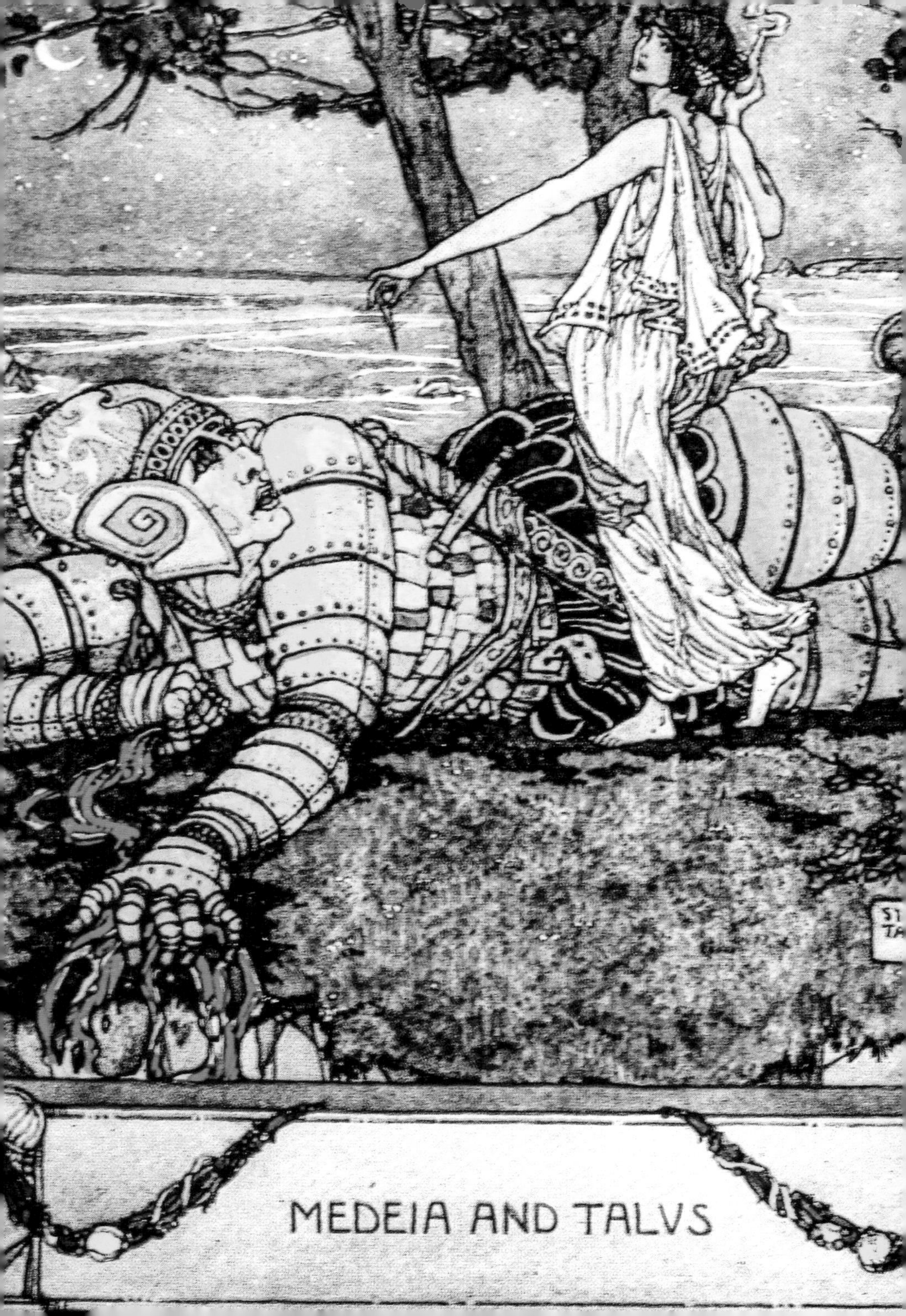

MEDEIA AND TALVS

塔洛斯

“许多人都熟悉塔洛斯（Talos）的形象，”作家布莱恩·霍顿（Brian Haughton）写道，“1963 年的电影《杰森与阿戈纳特》（*Jason and the Argonauts*）中塑造了一个青铜巨人……关于塔洛斯的想法是从哪里来的，他可能是历史上第一个机器人吗?”

根据希腊神话，塔洛斯是一个巨大的青铜机器人，他的任务是保护克里特岛米诺斯国王的母亲欧罗巴免受入侵者、海盗和其他敌人的侵犯。塔洛斯计划每天绕着克里特岛的整个海岸巡逻三次。一种威慑敌人的方法是向敌人扔巨石。在其他时候，这个巨大的机器人会跳进火里，直到他发出炽热的光芒，然后拥抱敌人的身体，把敌人烧死。如在克里特岛费斯托斯所发现的一枚公元前 300 年左右的硬币上所看到的，塔洛斯有时被描绘成一个有翅膀的生物，其他花瓶绘画可以追溯到公元前 400 年左右。

关于塔洛斯的创造和死亡有各种各样的解释。在其中一个版本的神话中，他是应宙斯的要求，由掌管金属加工、冶金、火、铁匠和其他工匠的希腊神赫菲斯托斯制造的。因为塔洛斯是一个机器人，他的内部结构没有人类复杂；事实上，塔洛斯只有一条从脖子到脚踝的静脉。这条静脉是密封的，由脚踝处的一个青铜钉保护，以防泄漏。传说中，巫师美迪亚用死神（克雷斯）把他逼疯了，并让他自己拔出钉子。然后，灵液（即神圣的血液）像熔化了的铅一样从他身上涌出，这样才杀死了塔洛斯。

塔洛斯只是展示古希腊人如何思考机器人和其他自动装置的一个例子。另外，数学家阿奇塔斯（Archytas，公元前 428—前 347）可能设计并建造了一种由蒸汽驱动的自动装置，它是一只可以自动飞行的鸟，被命名为“鸽子”。

· 克特西比乌斯的水钟（约公元前 250 年），兰斯洛特的铜骑士（约 1220 年），傀儡（1580 年），《科学怪人》（1818 年）

托马斯·布尔芬奇（Thomas Bulfinch）的《神与英雄的故事》（*Stories of Gods and Heroes*, 1920）中对塔洛斯的描绘，由英国艺术家西比尔·陶斯（Sybil Tawse, 1886—1971）绘制。

约公元前 350 年

亚里士多德的《工具论》 003

希腊哲学家亚里士多德（Aristotle, 公元前 384—前 322）在他的一生中提出了一些颇具影响力的话题，这些话题至今仍令人工智能研究人员感兴趣。亚里士多德在他的著作《政治学》（*Politics*）中推测，机器有朝一日可以取代人类奴隶：“只有一种情况下我们可以想象管理者不需要下属，主人不需要奴隶。这就是每种工具都可以根据命令或智能的预期来完成自己的工作，就像戴达罗斯（Daedalus）的雕像或赫菲斯托斯（Hephaestus）制造的三脚架一样。荷马（Homer）说‘它们主动进入奥林匹斯山的诸神会议，’就好像梭子会自己编织，而拨片会自己弹竖琴。” 5

亚里士多德也是逻辑学系统性研究的先驱。在他的著作《工具论》（*Organon*）中，他提供了研究真理和理解世界的方法。亚里士多德工具论中的主要方法是三段论（syllogism），这是一个三步论证，如：“所有女人都是凡人；克利奥帕特拉（Cleopatra）是个女人；因此克利奥帕特拉是凡人。”如果这两个前提为真，我们知道结论一定为真。亚里士多德还对特殊性和普遍性（即一般范畴）进行了区分。埃及艳后（Cleopatra）是一个特殊的术语，而‘女人’和‘凡人’是通用的术语。当通用性术语被使用时，它们前面跟有单词的‘全部（all）’、‘部分（some）’、‘没有（no）’。亚里士多德分析了许多可能的三段论类型，并指出其中哪个是有效的。

亚里士多德将他的分析扩展到涉及模态逻辑的三段论，即包含可能或必然词语的陈述。现代数学逻辑可以脱离亚里士多德的方法论，也可以把他的成果扩展到其他的句子结构中，包括那些表达更复杂关系的句子，以及包含多个量词的句子，例如这句话：“没有人喜欢所有不喜欢某些人的人（No men like all men who dislike some men）。”亚里士多德对逻辑的深入研究被认为是人类最伟大的成就之一，为数学和人工智能的许多发展提供了早期的推动力。

· 塔洛斯（约公元前 400 年），布尔代数（1854 年），模糊逻辑（1965 年）

这尊令人印象深刻的亚里士多德半身像是罗马时代的复制品，其青铜原件由公元前 4 世纪希腊雕塑家利西波斯（Lysippos）制作。

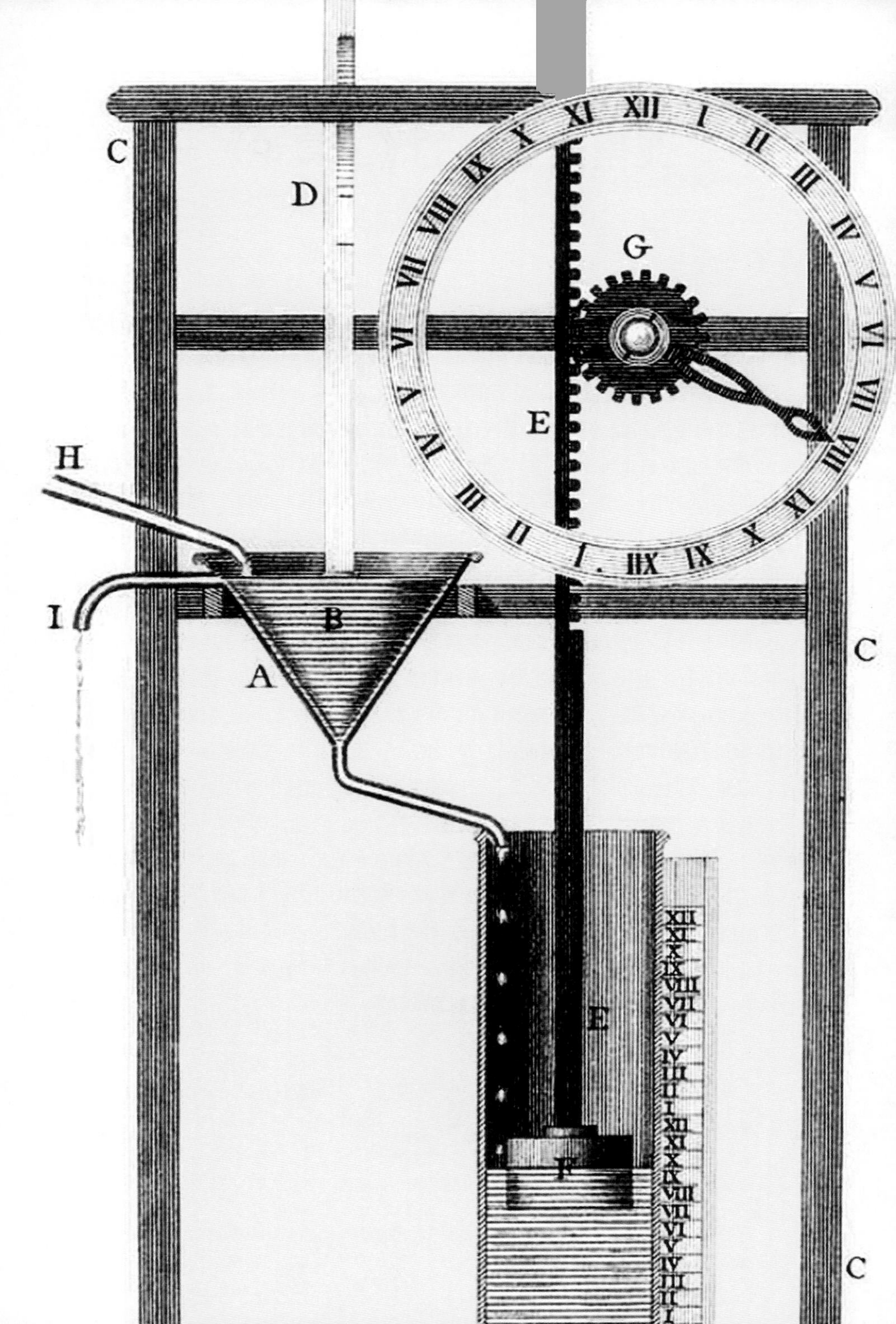
C
D
G
E
H
I
B
A
C
E
F
C

约公元前 250 年

克特西比乌斯的水钟 004

记者卢克·多梅尔（Luke Dormehl）写道，“克特西比乌斯（Ktesibios）的水钟意义重大，因为它永远地改变了我们对人造物体能做什么事的理解。在克特西比乌斯的水钟之前，人们认为只有生物才能根据环境的变化来改变自己的行为。在克特西比乌斯的水钟之后，自我调节反馈控制系统成了我们技术的一部分。”

希腊发明家克特西比乌斯，或称特西比乌斯（Tesibius，公元前 285—前 222），因他发明的涉及泵和液压系统的装置而在埃及亚历山大市闻名。他的水钟（“偷水贼”）特别有趣，该装置采用了反馈控制浮动式的调节器，能够保持恒定的水流速率，从而帮助人们根据接收容器中的水位估计时间。在他某个版本的水钟中，时间单位被标记在一根柱子上，当它随着水库水位的变化而上升时，一个人形数字就会指向这根柱子。据说这个人形数字还伴随有其他的机制，比如转动柱子、掉落石头或鸡蛋，以及发出喇叭般的声响。克特西比乌斯的水钟被用来为法庭审理中的演讲者分配时间，或限制顾客待在雅典妓院的时间。

克特西比乌斯很可能是亚历山大博物馆的首任馆长，该博物馆包括亚历山大图书馆，吸引了希腊的顶尖学者。虽然克特西比乌斯以他特有的水钟而闻名，但类似的水钟也在古代中国、印度、巴比伦、埃及、波斯等地出现。据说克特西比乌斯还发明了一个怪异的机器人神像，这个神像是游行中的亮点（例如著名的托勒密·菲拉德尔福斯[1]大游行）。这种机器人能够通过凸轮（非圆轮，可以将圆周运动转化为直线运动）的旋转来站立和坐下，其中凸轮的旋转可能与马车的运动有关。

---

1 托勒密·菲拉德尔福斯（Ptolemy Philadelphus），是埃及艳后克里奥帕特拉与马克·安东尼的儿子。——译者注

· 加扎利的机器人（1206 年），赫斯丁机械公园（约 1300 年），达·芬奇的机器人骑士（约 1495 年）

虽然此处展示的水钟并不具备克特西比乌斯的水钟的所有功能，但它提供了有关这些设备如何运行的说明。该图出自亚伯拉罕·里斯（Abraham Rees）于 1820 年所著的《百科全书或关于各种艺术、科学及文学的综合词典》（*The Cyclopaedia or Universal Dictionary of Arts, Sciences and Literature*）。

约公元前 190 年

算盘 005

“人工智能从日历和算盘开始，”工程师兼作家杰夫·克里梅尔（Jeff Krimmel）写道，“人工智能是帮助人类完成认知任务的任何技术。从这个角度来说，日历是人工智能的一部分。它补充或替代我们的记忆。同样，算盘也是人工智能的一部分……让我们不需要在脑子里做复杂的运算。”

有证据表明，在古代美索不达米亚和埃及已经出现了用于计算的仪器，但现存最古老的计数板可以追溯到公元前 300 年左右的希腊萨拉米斯石板（Salamis Tablet），这是一块上面有几组平行线标记的大理石石板。古代使用的其他计数板通常由木头、金属或石头制成，上面有线条或凹槽，珠子或石头可以沿着这些线条或凹槽移动。

大约在公元 1000 年，阿兹特克人发明了 nepohualtzintzin（爱好者们称之为“阿兹特克电脑”），这是一种类似算盘的装置，它利用穿过木框架的玉米粒来帮助操作员进行计算。现代算盘的珠子可以沿着杆子移动，它的历史至少可以追溯到公元前 190 年的中国，当时被称为算盘。在日本，算盘被称为珠算盘（soroban）。

在某种意义上，算盘可以被认为是计算机的祖先；和计算机一样，算盘也可以作为一种工具，让人们在商业和工程中进行快速计算。由于设计上做了细微变化，算盘仍在中国、日本等地使用。虽然算盘通常用于快速加减法运算，但经验丰富的算盘使用者能够快速进行乘法、除法和计算平方根的运算。1946 年，一位使用算盘的人和一位使用电子计算器的人在东京举行了一场计算竞赛，看哪种方法更快。比赛结果表明在大多数情况下算盘击败了电子计算器。

算盘是如此重要，以至于在 2005 年，福布斯网站的读者、编辑和一个专家小组将算盘列为有史以来对人类文明影响第二重要的工具。名单上的第一个和第三个工具分别是刀和指南针。

· 安提基西拉机器（约公元前 125 年），巴贝奇的机械计算机（1822 年），ENIAC（1946 年）

就其对人类文明的影响而言，算盘是有史以来最重要的工具之一。几个世纪以来，算盘一直是人们在商业和工程活动中进行快速计算的工具。早在欧洲人使用阿拉伯数字之前，他们就已经使用算盘了。

ΜΕΣΟΡΙ
ΣΚΟΡΠΙΟΝ
ΠΑΥΝΙ
ΜΕΧΙΡ
ΦΑΜΕΝΩΘ

约公元前 125 年

安提基西拉机器

006

心理学家艾伦·加纳姆（Alan Garnham）在他的《人工智能》一书中指出：“人工智能的主要发展方向可能是制造机器，使人类的智力劳动不再繁重，同时也可以消除一些容易犯的错误。”安提基西拉机器是一种古老的齿轮计算装置，用于计算天文位置。1900 年左右，潜水员在希腊安提基西拉岛海岸附近的一艘沉船中发现了这一装置，该装置被认为是在约公元前 150 年至公元前 100 年间建造的。正如记者乔·马尔尚（Jo Marchant）所描述的：“在随后被打捞起来的运往雅典的宝藏中，有一块没有成型的岩石。一开始没有人注意到它，直到它裂开，露出青铜齿轮、指针和微小的希腊铭文……这是一种精密的机械装置，由精确切割的刻度盘、指针和至少 30 个互锁的齿轮组成，在 1000 多年的历史记录中，再也没有任何像它这样复杂的装置出现，直到中世纪欧洲出现了天文钟。”

仪器前面的表盘上可能至少有三个指针，一个指针指示日期，另两个指针指示太阳和月亮的位置。该设备还可能被用来记录古代奥运会的日期，预测日食，以及标识其他行星的运动。

标识月亮的机器部分使用一组特殊的青铜齿轮，其中两个齿轮通过稍微偏移的轴连接，以标识月球的位置和相位。根据开普勒行星运动定律，月球在绕地球运行时以不同的速度运行（例如，离地球较近时速度更快），这种速度差被安提基西拉机器模仿，即使古希腊人并不知道实际的椭圆形轨道。乔·马尔尚写道：“通过转动盒子上的手柄，你可以让时间向前或向后推移，来观察今天、明天、上周二或未来 100 年的宇宙状态。拥有这种装置的人必定感觉自己像是天堂的主人。”

· 克特西比乌斯的水钟（约公元前 250 年），算盘（约公元前 190 年），巴贝奇的机械计算机（1822 年）

安提基西拉机器的一个现代重建模拟图，可以看到齿轮和手摇曲柄。

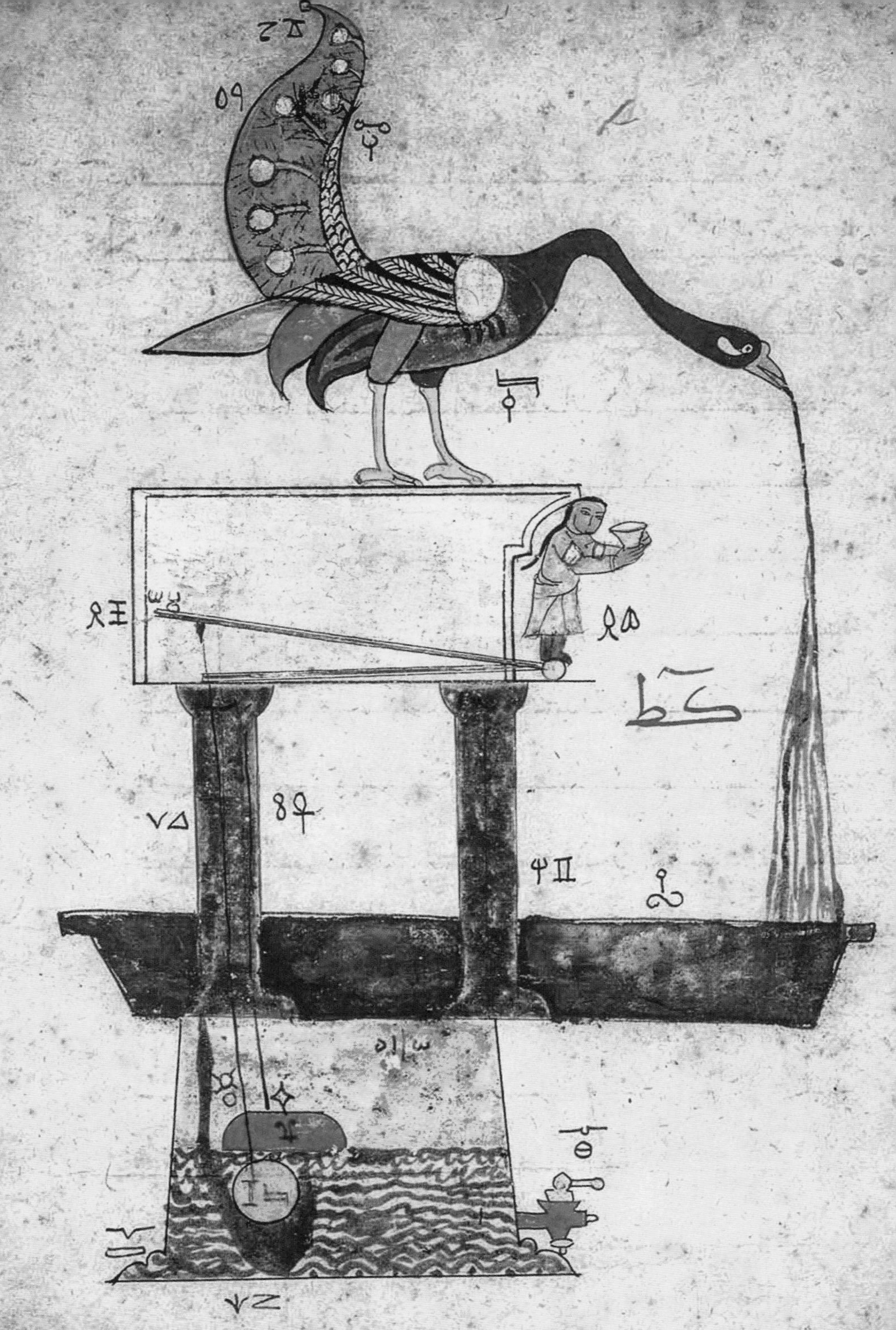

1206 年

加扎利的机器人

集学者、发明家、艺术家和工程师为一身的伊斯梅尔·加扎利（Ismail al-Jazari，1136—1206）生活在伊斯兰黄金时代的鼎盛时期，跟随父亲在安纳托利亚的阿图基德宫殿（现土耳其东南部的迪亚尔巴克地区）担任总工程师。加扎利应皇家雇主的要求撰写并于他逝世那年出版的《精巧机械装置的知识》（*Knowledge of Ingenious Mechanical Devices*）一书描述了加扎利建造的许多机械装置，包括移动的人形和动物形自动装置、抽水机、喷泉和时钟。他的研究和工程实践中使用到了凸轮轴、曲轴、擒纵轮、分段齿轮和其他复杂的机械装置。 13

在加扎利发明的自动装置中，有由水驱动的孔雀，提供饮料的"女服务员"，以及由 4 个自动音乐家组成的音乐机器人乐队，它们被安置在船形装置上，而且它们的面部表情可以由旋转轴控制。一些研究人员甚至推测，这个机器人乐队的运动可能是可编程的，这意味着它的技术成熟度更高。除此之外，他还发明了由一个人形机器定期敲击铜钹的大象钟，同时还有一只机器鸟，随着一个抄写员的旋转而发出啁啾的鸣叫声，并用笔标出时间。加扎利设计的 3.4 米高的城堡大钟上同时有 5 个音乐机器人。

英国工程师和历史学家唐纳德·R. 希尔（Donald R. Hill，1922—1994）以其对加扎利著作的英文翻译而闻名，他认为，"再怎么强调加扎利的工作在工程史上的重要性都不为过。直到现代，还没有来自任何其他文化领域的文件为机器的设计、制造和装配提供类似的丰富说明。毫无疑问，这在一定程度上是由于作家与工程师之间存在的社会和文化上的差异造成的。当一位学者描述一个目不识丁的工匠制造的机器时，他通常对成品感兴趣；他既不理解也不关心制造中的棘手情况……因此，我们非常感谢加扎利那位无名的皇家雇主，让我们拥有了一份独特的文件。"

· 克特西比乌斯的水钟（约公元前 250 年），赫斯丁机械公园（约 1300 年），宗教自动装置（1352 年），雅克-德罗自动装置（1774 年）

一个复杂的孔雀水盆装置，来自加扎利的《精巧机械装置的知识》。

des enchantemens
ors se seigne et entra dedans si
mist lescu devant son vis car il
ny veoit goute fors parmi une
baee dun huis moult loig don

约 1220 年

兰斯洛特的铜骑士

以机械和生物形式出现的简单人工智能设备在欧洲中世纪非常常见，正如历史学家艾丽·特鲁伊特（Elly Truitt）的描述，“金色的鸟和野兽、音乐喷泉和机器人仆人让客人们又惊又怕……自动化设备矗立在自然知识（包括魔法）和人工技术的交叉点上，并且……艺术与自然之间是否存在令人不安的联系。”欧洲文学中真实的和虚构的手法都提供了“科学、技术和想象力相互依赖”的精彩篇章。

一个著名的中世纪的虚构机器人的例子是《湖上骑士兰斯洛特》（*Lancelot of the Lake*，约 1220），这是一个古老的法国传说，讲述了亚瑟王和他的圆桌骑士们的冒险经历，包括兰斯洛特爵士和亚瑟王妻子桂妮维亚（Guinevere）的秘密恋情。在令人恐惧的魔法城堡多洛雷塞·加德（Doloreuse Garde）外，兰斯洛特遇到了一小群机器人铜骑士。进入城堡后，他打败了另外两名守卫内室的持剑铜骑士，内室里面有一位年轻的铜制女人拿着魔法钥匙。兰斯洛特用钥匙打开了一个装有 30 根铜管的盒子，里面传出可怕的哭声，他很快陷入了昏迷。当他醒来时，发现铜制女人已经倒在地上，铜骑士也被打碎了。

历史学家杰西卡·里斯金（Jessica Riskin）写道：“在亚瑟王传说中与自动机械骑士和少女一起出现的还有由金、银、铜制成的儿童、萨堤尔[1]、弓箭手、音乐家、神谕者和巨人。这些虚构的人造生物有很多真实的对应物。在中世纪晚期和现代早期的欧洲，到处都是机械人和动物的身影。”例如，大约在兰斯洛特的铜骑士故事发生的同一时期（约1225—1250），法国艺术家兼工程师维拉德·德·昂内古（Villard de Honnecourt）创造了一只机械鹰。当执事朗读福音书时，它会把头转向执事。里斯金指出，这些栩栩如生的自动机械装置成为 17 世纪出现的机器生命科学和哲学模型的历史背景。

1　萨堤尔（Satyr）又译萨特、萨提洛斯或萨提里，即羊男，一般被视为希腊神话里的潘与狄俄倪索斯的复合体的精灵。萨堤尔拥有人类的身体，同时也有部分山羊的特征，例如山羊的尾巴、耳朵和阴茎。一般来说他们是酒神狄俄倪索斯的随从。——译者注

· 塔洛斯（约公元前 400 年），赫斯丁机械公园（约 1300 年），达·芬奇的机器人骑士（约 1495 年），傀儡（1580 年），蒂克·托克（滴答）（1907 年）

兰斯洛特为了进入多洛雷塞·加德城堡而与铜骑士战斗。人形机械骑士通常没有穿衣服。

Comment lamant fait une complainte de fortune et de sa roe.

Car elle nest
ferme ne estable.
Juste loyal
ne veritable.
Quant on la cuide
charitable.
Elle est avere.
Dure. diverse. espouantable.

Traistre poignant decevable.
Et quant on la cuide amiable.
Lors est amere.
Car ia soit ce quamie appere
Douce com miel vraie commere
La pointure dune vipere.
Nest mortable.
En riens a li ne se compere.

约 1300 年

赫斯丁机械公园

009

从 1300 年左右开始，位于法国东北部的赫斯丁公园逐渐发展成一个存放仿真机器人和动物的著名场所。赫斯丁公园中存放的自动装置包括机器人、机器猴子、机器鸟类和计时装置。最早赫斯丁公园是应阿尔托伊斯伯爵罗伯特二世（Robert II，1250—1302）的要求建造的。其中，有趣的实例包括一座桥，桥上有 6 组全身覆盖着獾毛的机器猴，它们看起来很逼真，同时还有装饰在亭子墙壁上的机器野猪头。罗伯特死后，他的女儿马哈特（Mahaut，1268—1329）成为新的负责人，并继续维护他的“娱乐源泉”。例如，在 1312 年，猴子被覆盖上新的皮毛，并且加上了角，看起来像个恶魔。

自动机械公园的想法可能源于伊斯兰文化和伊斯兰工程师，以及法国浪漫文学中的自动装置。历史学家斯科特·莱特西（Scott Lightsey）写道：“赫斯丁在欧洲人造奇迹观念中的中心地位，表明了这种新的奇迹现象取代超自然的偶发事件，成为宫廷生活和高贵身份的象征……技术创新使他们能够在精心设计的大厅和游乐场重新演绎传统的超自然浪漫主题。”

多年来，赫斯丁公园一直存在，还升级并添加了各种各样的机器，包括一个能和旁观者说话的木制隐士、一只会说话的猫头鹰，以及从鸟嘴喷射水的机器喷泉。挥手的猴子和其他自动装置很可能是由重量驱动的机器装置操作的，其中这些装置带有发条部件和液压装置。

除了娱乐用途之外，这些机械装置还可以引发参观者对未来更广泛自动化的畅想。正如历史学家西尔维奥·A. 贝迪尼（Silvio A. Bedini）所写：“自动装置在技术进步中的作用……非常重要。无论出于何种目的，用机械手段模拟生物的运动促进了机械原理的发展，并催生了更多复杂机械的产生，这些复杂机械实现了技术最初的目标—— 减少或简化体力劳动。”

另参见

· 克特西比乌斯的水钟（约公元前 250 年），加扎利的机器人（1206 年），兰斯洛特的铜骑士（约 1220 年），宗教自动装置（1352 年），德·沃康森的鸭子机器人（1738 年），雅克-德罗自动装置（1774 年），《缔造美的艺术家》（1844 年）

赫斯丁花园围墙的艺术描绘（顶图）。齿轮图像（底图）是财富的化身，这个正在转动的精致装置可能象征着赫斯丁的（某个）自动装置。

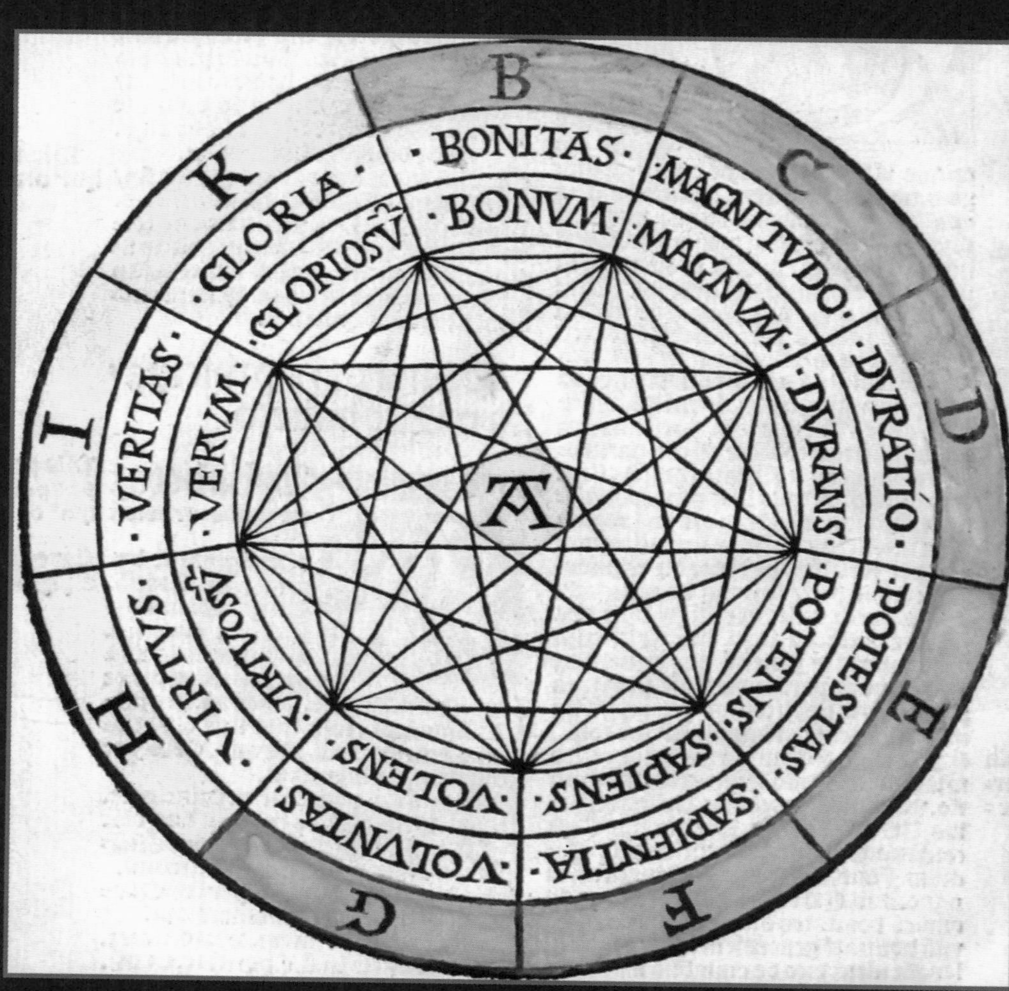
B
C
D
E
F
G
H
I
K
·BONITAS·
·MAGNITUDO·
·DURATIO·
·POTESTAS·
·SAPIENTIA·
·VOLUNTAS·
·VIRTUS·
·VERITAS·
·GLORIA·
·BONUM·
·MAGNUM·
·DURANS·
·POTENS·
·SAPIENS·
·VOLENS·
·VIRTUOSŪ·
·VERUM·
·GLORIOSŪ·
A

约 1305 年

拉蒙·勒尔的《伟大的艺术》

计算机科学家尼尔斯·尼尔森（Nils Nilsson）写道：“如所有的探索一样，人类对人工智能的探索也始于梦想。长期以来，人们一直在期望创造出一种具有人类能力的机器，它能够自动移动和推理。”人工智能史上最早的实践之一是勒尔圆[1]。加泰罗尼亚哲学家拉蒙·勒尔（Ramon Llull，约 1232—1315）在他的著作《伟大的艺术》（*Ars Magn*，约 1305）中提出了一种在纸上构造的同心圆结构，其圆周上写有字母和单词。这些字母和单词如机械锁一样，可以以全新的组合进行排列，此时，这些组合便可以成为新思想和逻辑探索的源泉。著名科普作家马丁·加德纳（Martin Gardner）写道：“这是形式逻辑历史上最早进行的使用几何图形发现非数学真理的尝试，也是其第一次尝试使用机械设备——原始逻辑机器——来促进逻辑系统的运行。”

作家乔治·达拉科夫（Georgi Dalakov）写道，勒尔的组合创造装置提供了一种使用“逻辑方法来产生知识”的早期方法。“勒尔用一种极其简单但可行的方式证明，人类的思维可以被一种设备描述甚至模仿，这是迈向自主思考机器的一小步。”让我们想象一下，勒尔坐在烛光下的一张桌子旁，转动着他的圆盘，把单词组合起来。按照作家克里斯蒂娜·马德伊（Krystina Madej）的说法，勒尔相信“更高级的知识会在此过程中显示出来，且它将会为关于宗教和创造的问题提供合乎逻辑的答案……[他想] 通过这些组合装置来研究事实并产生新的证据。”

德国学者与微积分联合创始人戈特弗里德·莱布尼茨（Gottfried Leibniz，1646—1716）对形式逻辑的研究，以及他发明的“步进计算器”都受到了勒尔工作的启发：“事实上，通过使用勒尔的方法，我已经进行了许多技术发明并获得了近 500 项美国专利。”正如数据研究员兼教授乔纳森·格雷（Jonathan Gray）所写的那样：无论机器是否以我们想象的方式运行，勒尔和莱布尼茨这对神秘组合最初的幻想已经逐渐让位于无处不在的计算技术、经验和想法，它们交织于我们的世界之中，并在我们的周围产生广泛的影响。

1 Lullian Circle，勒尔圆，其形状如左页插图所示。——译者注

另参见 · 拉加多写书装置（1726 年），计算创造力（1821 年），《控制论的意外发现》（1968 年）

拉蒙·勒尔的《伟大的艺术》的一组转轮和组合。

VRANIA
DNS LVX MEA
MDCCCXXXVIII · MDCCCXLII
QVEM TIMEBO

1352 年

宗教自动装置

从自动基督到机械魔鬼和制造噪声并伸出舌头的机械撒旦，这些与基督教会相关的各种自动装置都出现在中世纪晚期和现代欧洲社会的早期。例如，在 15 世纪，英国肯特郡博克斯利修道院里的“格雷斯基督受难像”是一个机械化的耶稣十字架肖像，它的眼睛、嘴唇和身体的其他部位都可以移动。15 世纪后期，对《圣经》中事件的自动化模拟逐渐变得普遍起来。正如历史学教授杰西卡·里斯金所述：“自动装置具备日常生活中常见的功能，它们起源于教会和大教堂，并从那里传播开来。耶稣教会传教士将它们作为祭品带到中国，以彰显欧洲基督教的力量。” 21

在这些宗教自动装置中，位于法国阿尔萨斯大区斯特拉斯堡圣母院的斯特拉斯堡时钟尤为有趣。它始建于 1352 年，是一个头部可以移动、拍打着翅膀的机器公鸡，而且它还可以在特定的时间鸣叫（利用风箱和簧片）。此外，这座钟上还有可以移动的天使。大约在 1547 年，这个时钟进行了更换和升级，但保留了机器公鸡。后来，升级后的钟在 1788 年停止工作，直到 1838 年，新的机械时钟才出现并取代了旧时钟。

除此之外，斯特拉斯堡时钟还具有万年历（包括一种确定复活节日历日期的方法），日食和月食的显示等的功能。1896 年，作家范妮·科（Fanny Coe）写道，斯特拉斯堡时钟“几乎就像一个小剧院，那么多人和动物装置在其中扮演着自己的小角色……时间是由天使敲响的，在正午和午夜，真人大小的基督和他的 12 个门徒从一扇门里走出来……然后，一只镀金的公鸡在钟楼的角楼上扇动着翅膀，开始啼叫。”

学者朱利叶斯·弗雷泽（Julius Fraser）写道：“历法科学和钟表工艺的发展催生出了能够解释和赞美基督教世界的器物……[它们] 是后来渴望把科学家和工匠的技术用于造福人类的先驱。”

· 加扎利的机器人（1206 年），赫斯丁机械公园（约 1300 年），雅克-德罗自动装置（1774 年）

法国阿尔萨斯的斯特拉斯堡圣母院的斯特拉斯堡时钟。机器公鸡在左上角。

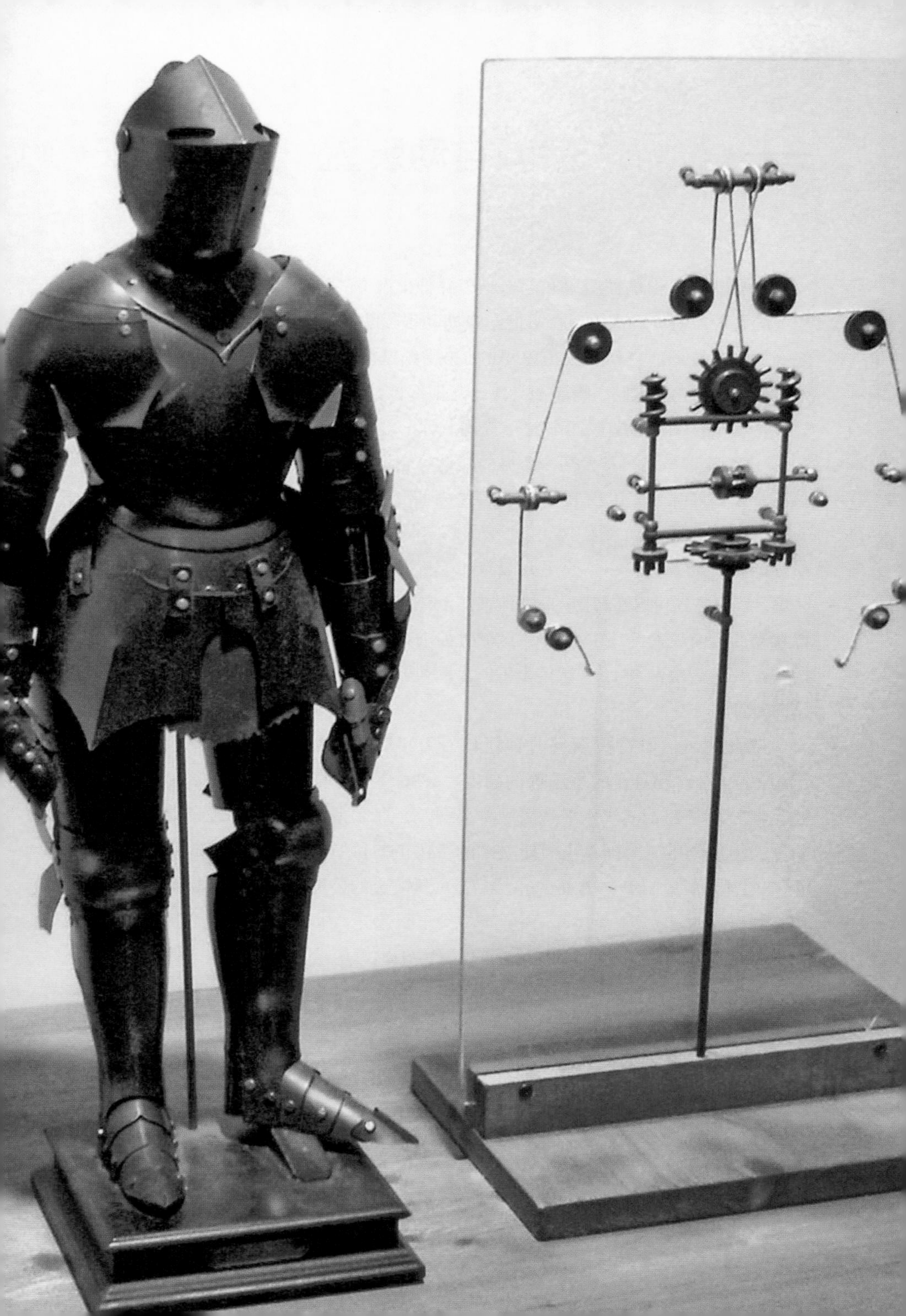

约 1495 年

达·芬奇的机器人骑士

“达·芬奇的装甲机器人骑士坐了起来，双臂张开又合上，似乎是在做一个抓握的动作；它通过灵活的脖子移动头部，”机器人工程师马克·罗塞姆（Mark Rosheim）写道，“打开它的面罩也许就会露出其可怕的面相。它由木头、黄铜或青铜和皮革制成，并由电缆操控。”

意大利文艺复兴时期的列奥纳多·达·芬奇（Leonardo da Vinci，1452—1519）兴趣广泛，范围涉及绘画、建筑、解剖学和工程学。他的日记中有对乐器、曲柄机件和上述机械骑士的描述和研究，这些都于 1495 年左右被记录在他的《大西洋古抄本》（*Atlantic Codex*）中，这是达·芬奇手稿规模中最大的一部，共 12 卷。其机器人的设计以采用铰接关节及活动臂、颌和头部为特点，使用滑轮系统来移动机器人的各个部分。机器人穿着中世纪盔甲，能够坐下，也可以起身，并且有不止一套齿轮系统，分别控制其上下半身。达·芬奇还为包括鸟类和手推车在内的其他机器画了模型草图。

尽管我们不知道这一机械骑士是否曾被建造过，但类似的机器人可能启发了其他工程师，比如意大利-西班牙工程师朱安内洛·图里亚诺（Juanelo Turriano，约 1500—1585），他为西班牙国王菲利普二世建造了一个利用电缆和滑轮的机械修士。菲利普二世将他儿子从严重头部受伤中的神奇恢复归功于一位名叫迪达克斯（Didacus）的方济会传教士的神圣介入。在发条的驱动下，这位发条修士一边行走，一边用嘴和手臂默默祈祷。如今，这位发条修士在华盛顿特区的史密森学会被展出，且至今仍在运行。

关于达·芬奇的机器人骑士，作家辛西娅·菲利普斯（Cynthia Phillips）和莎娜·普里维尔（Shana Priwer）写道：“达·芬奇的机器人设计是他对解剖学和几何学研究的结晶。还有什么更好的方法把机械科学和人体形态结合起来呢？他把罗马建筑固有的比例和关系运用到所有生物固有的运动和生活中。在某种程度上，这个机器人是维特鲁威人的化身。”

· 塔洛斯（约公元前 400 年），兰斯洛特的铜骑士（约 1220 年），摩托人埃列克托（1939 年）

达·芬奇的机器人骑士模型，和它内部的齿轮、滑轮和连线。

АПТЕКА
גולם
Cafe
33

1580 年

傀 儡

013

据《前进报》(*The Forward Newspaper*) 报道，“早在史蒂芬 · 霍金警告我们人工智能的危险之前，傀儡(golem) 的传说就向犹太人传达了同样的潜意识信息。” 犹太民间传说中的傀儡是一种用黏土或泥土制作的可以活动的生物。它作为人造的机器人，表现出了多种形式的人工智能。一旦这种技术被激活并在世界上传播开来，这个机器人就很难控制。最著名的傀儡大概是于 1580 年由布拉格的犹大 · 勒夫 · 本 · 贝扎勒尔(Judah Loew ben Bezalel, 约 1520—1609) 所建造的，据说布拉格傀儡的建造是为了保护布拉格犹太区的犹太人免受反犹太主义者的袭击。这个关于布拉格傀儡的故事是由 19 世纪的几位作者记录下来的。

傀儡通常刻有使其保持活力的魔法或宗教文字。例如，根据传说，傀儡创造者有时会在傀儡的前额，或是舌头下的泥板或纸上写下上帝的名字。其他傀儡被写在他们额头上的单词 emet(希伯来语的“真理”) 所激活。删除第一个字母就成了 met(希伯来语“死亡”)，可以停用傀儡。

其他一些用于创造傀儡的古老犹太方法要求人们将希伯来字母表的每个字母与 YHVH 的每个字母结合起来，然后用每一个可能的元音来拼读每一个字母对。YHVH 作为一个“激活词”来表示穿透现实并激活存在。

在《圣经》中，“傀儡” 这个词只出现过一次(诗篇 139:16)，指的是一个不完美或未成形的身体。新的国际版本把这首诗翻译成：“你的眼睛看到了我未成形的身体。为我所定的日子，在其出现之前，都写在你的书中。” 在希伯来语中，傀儡可以表示一个“不成形的群体” 或“无脑的” 实体，犹太法典使用这个词来暗示“不完美”。因此，大多数文学作品中的傀儡都是作为哑巴出现的，但同时它们可以被用来执行简单、重复的任务。事实上，傀儡创造者面临的挑战是确定如何使傀儡最终中止或重复执行任务。

· 塔洛斯 (约公元前 400 年)，兰斯洛特的铜骑士 (约 1220 年)，《科学怪人》(1818 年)

布拉格傀儡。在捷克画家尤金 · 伊万诺夫 (Eugene Ivanov) 的这幅作品中，我们看到傀儡 (大的中心人物) 和犹大 · 勒夫 · 本 · 贝扎勒尔 (坐在傀儡的肩膀上)。

1651 年

霍布斯的《利维坦》

014

英国哲学家托马斯·霍布斯（Thomas Hobbes，1588—1679）于 1651 年出版了《利维坦》（*Leviathan*）一书，这是一本关注社会结构及其与政府之间的关系的书。在书中，霍布斯做出了几项声明，这使得科技史学家乔治·戴森（George Dyson）将他视为“人工智能的始祖”。例如，在书的引言中，霍布斯把身体比作一个机械引擎：“自然（上帝创造并统治世界的艺术）是人类的艺术……类似地，人能造出人造动物。如果认为生命不过是身体内部某个肢体的运动，为什么我们不能说，所有的自动装置（通过弹簧和轮子动起来的引擎，就像手表一样）都有人工生命？因为心脏不过是弹簧，神经不过是绳子，关节不过是轮子，它们使全身活动……”

霍布斯认为，当人类推理时，他们会进行象征性的计算和操作，类似于做加减法：“我所说的推理（思考），是指计算。现在，计算要么是收集到的许多东西相加的总和，要么是弄明白从一样事物中抽取出另一样事物后还剩下什么。”

戴森问：“如果推理可以简化为即使是在霍布斯时代也可以由机器来完成的算术，那么机器是否有推理的能力？机器能思考吗？”计算机构架师丹尼尔·希利斯（Daniel Hillis）面对创造能够独立思考的人工大脑的可能性提出了自己的设想：“对于那些害怕对人类思维进行机械化解释的人来说，我们对于局部相互作用如何产生突发性行为的忽略，在隐藏灵魂的地方制造了一团使人宽慰的迷雾。尽管个人计算机和个人计算机程序正在开发人工智能的元素，但正是在更大的网络中（或者在大规模网络中），我们正在为人造思想利维坦的出现开发一种更有可能的媒介。”

· 意识磨坊（1714 年），《缔造美的艺术家》（1844 年），《机器中的达尔文》（1863 年），《巨脑：可以思考的机器》（1949 年），《人有人的用处》（1950 年）

版画《利维坦》，这幅版画的作者是法国艺术家亚伯拉罕·博斯（Abraham Bosse，1604—1676）。

1714 年

意识磨坊

015

如果我们相信意识是由神经元和其他脑细胞通过模式化和动态关联而形成的，那么我们的思想、情感和记忆可能可以复制到可移动的拼装玩具（Tinkertoys）中。拼装玩具的头脑需要非常大才能代表人类头脑的复杂性，但就像研究人员用 10 000 个拼装玩具制作出玩井字棋游戏的电脑一样，我们或许可以创造一种复杂的机制。从理论上讲，我们的思想可能隐藏在树叶和树枝的运动中，又或者是在鸟群中。1714 年，德国哲学家、数学家戈特弗里德·莱布尼茨在他的著作《单子论》(*The Monadology*)中设想了一种带有人工智能的机器，其大小与一个磨坊差不多，能够思考和感知。莱布尼茨还意识到，如果探索其内部的奥秘，我们“只会发现一些碎片化的结构，它们把信号一一传递，却找不到任何能够解释感知产生的东西。”即使有意识的人工智能实体不是由有机物形成的，它们也能够在未来得到发展。

哲学家尼克·博斯特罗姆（Nick Bostrom）对单个电子脑细胞是这么看的：“脑细胞是一个具有一定特征的实体。如果我们完全理解这些特征，并学会用电子方式复制它们，那么我们的电子脑细胞肯定能发挥与有机脑细胞相同的功能。如果单个的脑细胞可以完成，那么为什么最终的系统不能和大脑一样有意识呢?”

正如机器人学家汉斯·莫拉维克（Hans Moravec）所写：“我们是在一堆神经硬件上模拟一个有意识的存在，而意识只存在于对神经硬件中发生事情的解释中。它并不是实际的化学信号，而是对这些信号的集合的某种高层次的解释，是唯一使意识区别于其他低层次解释的东西，比如一张美元钞票的价值。”

同样地，也许你的大脑即使被分割成 100 个小盒子，被隔开很远，用电线或光纤连接，也能正常工作。为了更好地理解这一点，想象一下：你的左右大脑半球相隔 1 英里，由人工胼胝体（corpus callosum）[1] 连接。你还是你，对吗?

1　胼胝体是哺乳动物大脑的一个重要白质带。它连接大脑的左右两个半球。胼胝体是大脑最大的白质带，其中包含 2 亿 ~2.5 亿个神经纤维。大脑两半球间的通信多数是通过胼胝体进行的。较为低级的脊椎动物，例如单孔目和有袋类的动物没有胼胝体。——译者注

另参见 · 井字棋（约公元前 1300 年），霍布斯的《利维坦》（1651 年），德·沃康森的鸭子机器人（1738 年），寻找灵魂（1907 年），《巨脑：可以思考的机器》（1949 年），虚拟人生（1967 年）

如果我们相信意识是由脑细胞及其组成部分通过模式化和动态关联形成的，那么我们的思想、情感和记忆可能隐藏在树叶和树枝的运动中，又或者是在鸟群中。

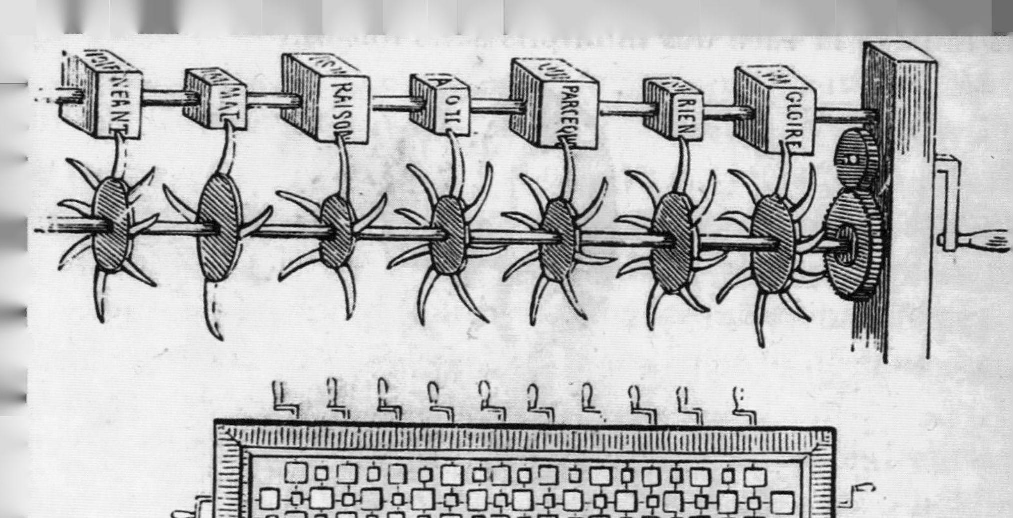
NEANT
MAT
RIEN
GLOIRE

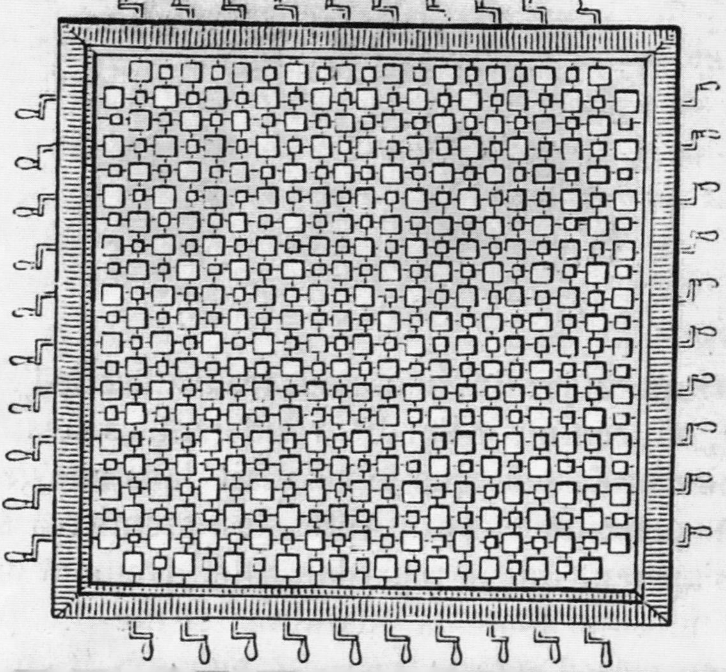

1726 年

拉加多写书装置

《格列佛游记》(*Gulliver's Travels*) 是英国爱尔兰作家乔纳森·斯威夫特 (Jonathan Swift，1667—1745) 于 1726 年出版的通俗小说，其中描述了一个机械创新引擎，这可能是第一个在小说中被广泛讨论的人工智能设备。当格列佛来到作者虚构的拉加多市时，一位教授向他展示了一种能产生文学作品、技术书籍和有趣想法的装置。格列佛发现，"有了这个装置，即使最无知的人，只要付出合理的费用，再加上一点体力劳动，都可以写出哲学、诗歌、政治、法律、数学和神学方面的书籍，而无须依赖天资或后天学习。"

格列佛被带到这个占地 20 平方英尺的装置前，该装置具有"通过细长线连接在一起"的各种木质表面。瓷砖般的表面上覆盖着纸张，上面"写着他们语言的所有单词，包括几种语气、时态和变化，但没有任何顺序"。

格列佛描述了这个装置的操作过程："学生们在教授的指挥下，每人握住固定在框架边缘的 40 个铁把手中的一个；当他们突然转动把手时，装置上写着的话的意思就完全变了。然后，他命令学生们，当这几行字出现在画面上时，就轻轻地读出来；当他们发现 3 个或 4 个单词在一起可以构成一个句子的一部分时，他们就让剩下的 4 个男孩听写下来，他们是抄写员……在每一个转折点，当方形木块上下移动时，这些字就会移到新的地方。"

作者埃里克·A. 维斯 (Eric A. Weiss) 写道："[该机器的] 用途、杰出发明家教授的主张、他对公共资助的呼吁以及学生对该设备的操作，都清楚地将其归类为人工智能的早期尝试，并使其经常被引用为这门学科的典型例子。"现实世界中后来出现的组合、随机或人工创造力形式，包括莱克特 (Racter) —— 一个为 1984 年出版的《警察的胡子是半人造的》(*The Police's Beard Is Half Constructed*) 创作散文的计算机程序。

· 拉蒙 · 勒尔的《伟大的艺术》(约 1305 年)，计算创造力 (1821 年)，《控制论的意外发现》(1968 年)

拉加多写书装置，由法国艺术家 J. J. 格兰德维尔 (J. J. Grandville，1803—1847) 绘制，出现在 1856 年《格列佛游记》的法文译本中。

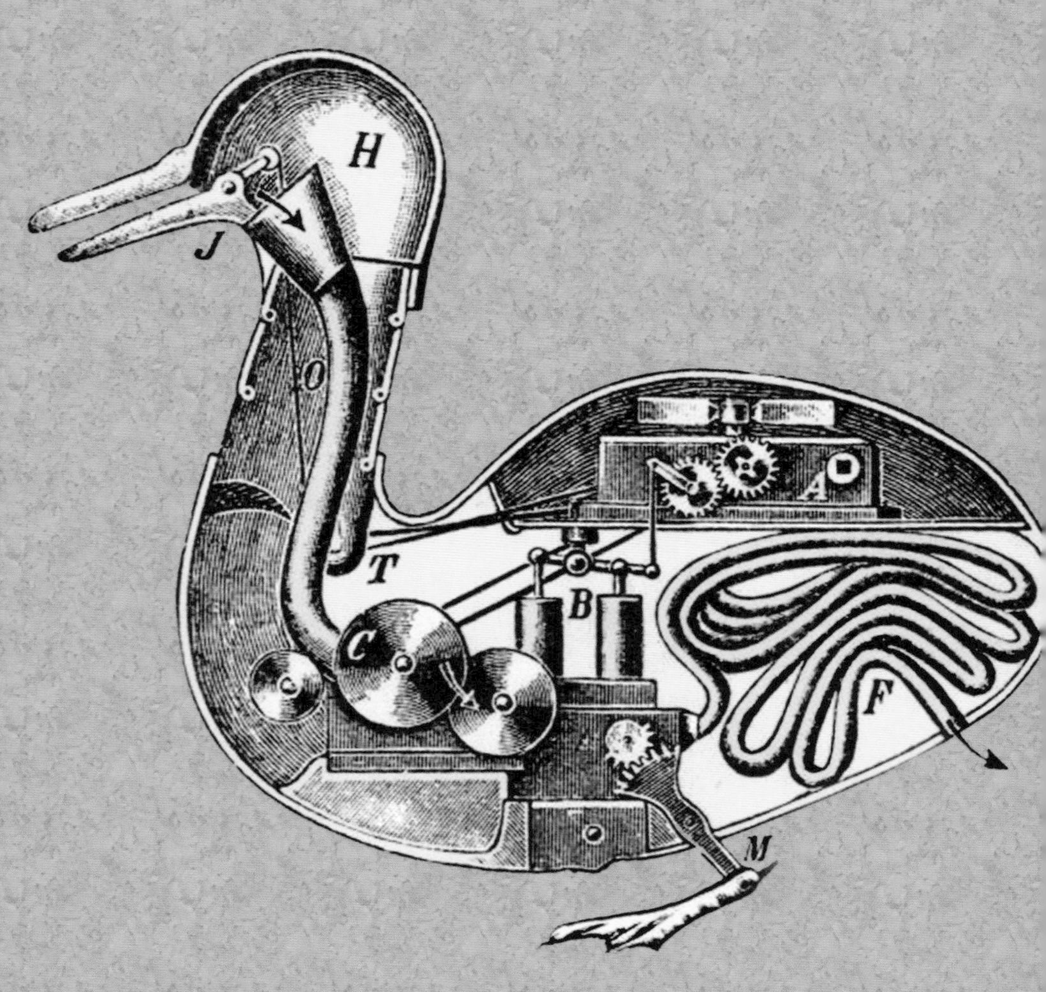
H
J
O
T
C
B
A
F
M

1738 年

德·沃康森的鸭子机器人

“1738 年，29 岁的法国钟表匠雅克·德·沃康森（Jacques de Vaucanson，1709—1782）在杜伊勒里宫的花园里展出了有史以来最著名的机器人之一。”美国神经学家保罗·格里姆彻（Paul Glimcher）写道。德·沃康森的机器鸭有数百个活动部件和羽毛。它动了动它的头，用它的嘴把水搅浑，拍打着翅膀，嘎嘎叫着，大口大口地吃着展出者手中的食物，并进行了许多更真实的行动。几分钟后，消化后的食物残渣会从下面排泄出来。（当然，这只鸭子并没有真正消化食物，而是在鸭子的尾部偷偷地预先装上了模拟排泄物。）然而，这种多功能的机器人不仅会引发关于生命和纯机械之间的界限的讨论，还会引发随着机器人实体的功能变得更加丰富，这种界限可能会模糊到何种程度的讨论。

随着时间的推移，人们对这只著名的机器鸭越来越着迷，这种奇怪的生物甚至出现在托马斯·品钦（Thomas Pynchon）1997 年备受赞誉的小说《梅森与狄克森》（*Mason & Dickson*）中，在小说中，这种生物拥有了自己的意识，用它的“死亡之喙”恐吓一位法国厨师。

德·沃康森还创造了一个神奇的自动长笛演奏者，由几个连接着 3 个风管的风箱驱动，通过触发齿轮和凸轮来控制长笛演奏者手指、舌头和嘴唇的协调。历史学家杰西卡·里斯金写道，这位机械笛手“是狄德罗（Diderot）的《百科全书》中所定义的人造人（androïde）的第一个例子，也就是说，它是一个可以完成人类功能的人造人”。更直接的实际应用是，在 18 世纪 40 年代，德·沃康森设计了纺织丝绸的机器，不幸的是，这导致人类（丝绸工人）造反，还在街上向他扔石头。

正如格里姆彻所写的：“沃康森的鸭子，向 18 世纪的大众提出了一个至今仍困扰现代神经科学的古老问题：我们每个人内部发生的机械相互作用是否足以支撑我们实际产生的复杂行为模式？是什么将我们定义为人类，是我们所产生的行为的复杂性，还是产生我们行为的交互物质的某种特定模式？”

· 赫斯丁机械公园（约 1300 年），达·芬奇的机器人骑士（1495 年），意识磨坊（1714 年），《大草原上的蒸汽人》（1868 年），《电子鲍勃的大黑鸵鸟》（1893 年）

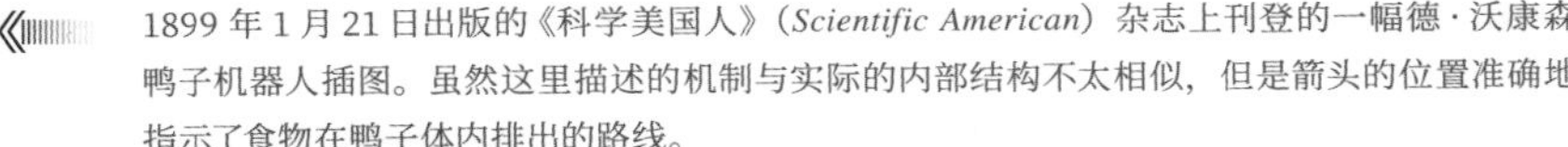

1899 年 1 月 21 日出版的《科学美国人》（*Scientific American*）杂志上刊登的一幅德·沃康森鸭子机器人插图。虽然这里描述的机制与实际的内部结构不太相似，但是箭头的位置准确地指示了食物在鸭子体内排出的路线。

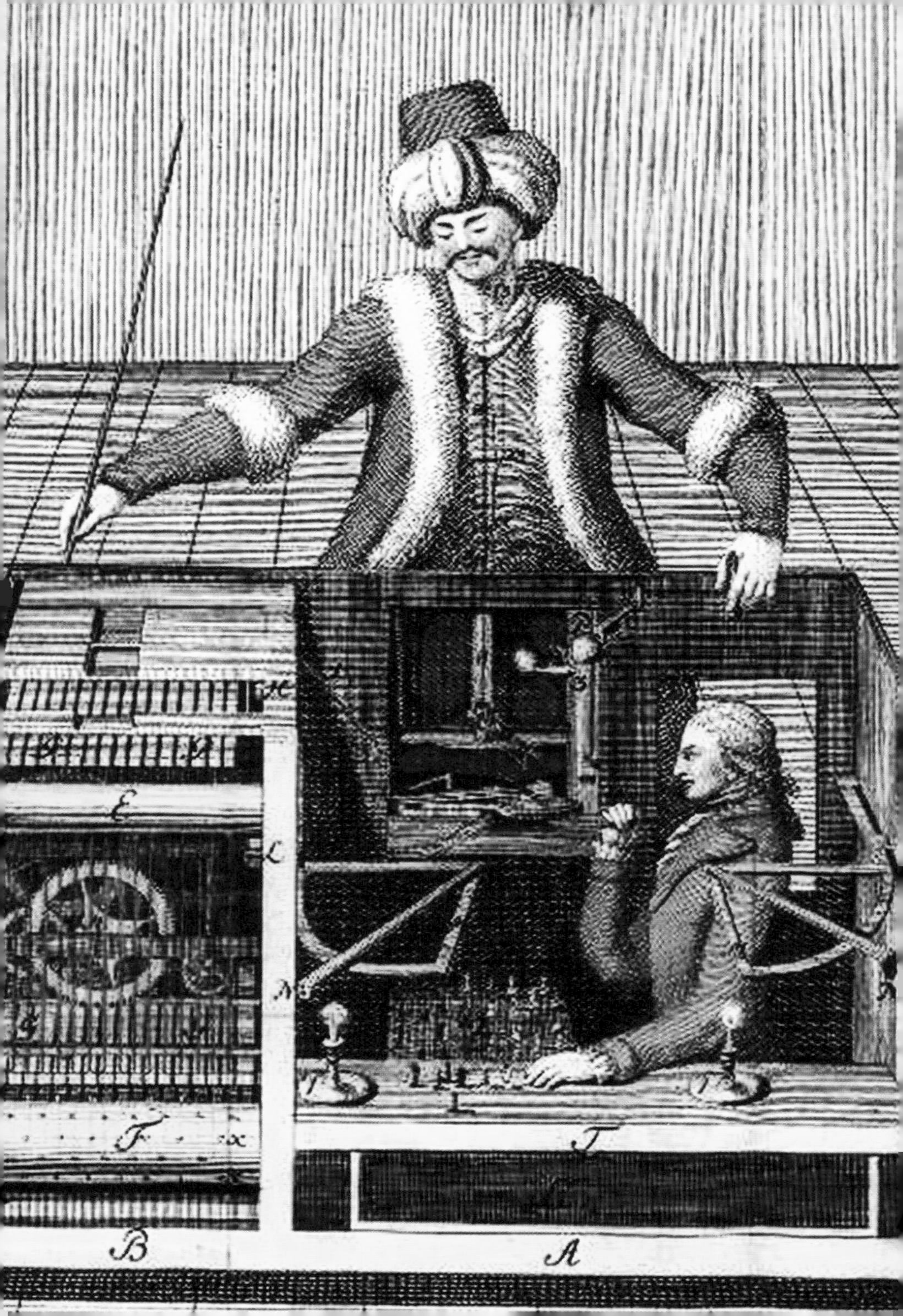
E
L
F
T
B
A

1770 年

土耳其机器人

土耳其机器人是一个会下国际象棋的机器人，由匈牙利发明家沃尔夫冈·冯·肯佩伦（Wolfgang von Kempelen，1734—1804）于 1770 年发明，并赠送给奥地利的哈布斯堡（Habsburg）女王玛丽亚·特蕾莎（Maria Theresa）。表面上看这台机器下棋的水平很高，打败了欧洲和美洲的棋手，包括拿破仑·波拿巴（Napoleon Bonaparte）和本杰明·富兰克林（Benjamin Franklin）等名人。这个真人大小的机器人，穿着长袍，戴着头巾，蓄着黑胡子，坐在一个放着棋盘的大柜子前，可以用手移动棋子。它运作的秘密多年来并不为人所知，但如今我们知道，这个复杂的柜子里巧妙地藏着一位人类象棋专家，他用磁铁移动棋子，用各种杠杆移动机器人的身体部位。为了增加神秘感，肯佩伦会在游戏开始前打开柜门，露出里面的发条装置，让观众误以为里面没有可以藏人的空间。后来人们终于明白土耳其机器人只是一个复杂的“把戏”，但它仍然引起了人们对于探索机器能做什么工作，以及机器可能取代人类的什么能力的兴趣。

许多关于土耳其机器人如何运作的文章都不准确。例如，埃德加·艾伦·坡（Edgar Allen Poe）错误地暗示，玩家坐在土耳其机器人的身体里。有趣的是，现代计算机之父之一的查尔斯·巴贝奇（Charles Babbage, 1791—1871）很可能是受到了土耳其机器人的启发，因为巴贝奇在开始研究他的机械计算机器时，就想知道机器是否能“思考”，或者至少是否能进行高度复杂的计算。

作家艾拉·莫顿（Ella Morton）指出：“尽管土耳其机器人最终依赖于人类的行为和一些老式的魔术，但它的机械特性令人惊叹和担忧。土耳其机器人在工业革命中期受到了猛烈的抨击，它使得人们对自动化的性质和制造出可以思考的机器的可能性产生了不安和疑虑。事实上，土耳其机器人似乎是靠发条结构运行的……与国际象棋‘是纯智力领域’的观念相矛盾。”

· 巴贝奇的机械计算机（1822 年），《大象不会下国际象棋》（1990 年），国际跳棋与人工智能（1994 年），深蓝击败国际象棋冠军（1997 年）

从约瑟夫·冯·拉克尼茨（Joseph von Racknitz，1744—1818）的画作《土耳其机器人》中可以窥见土耳其机器人是如何运作的。

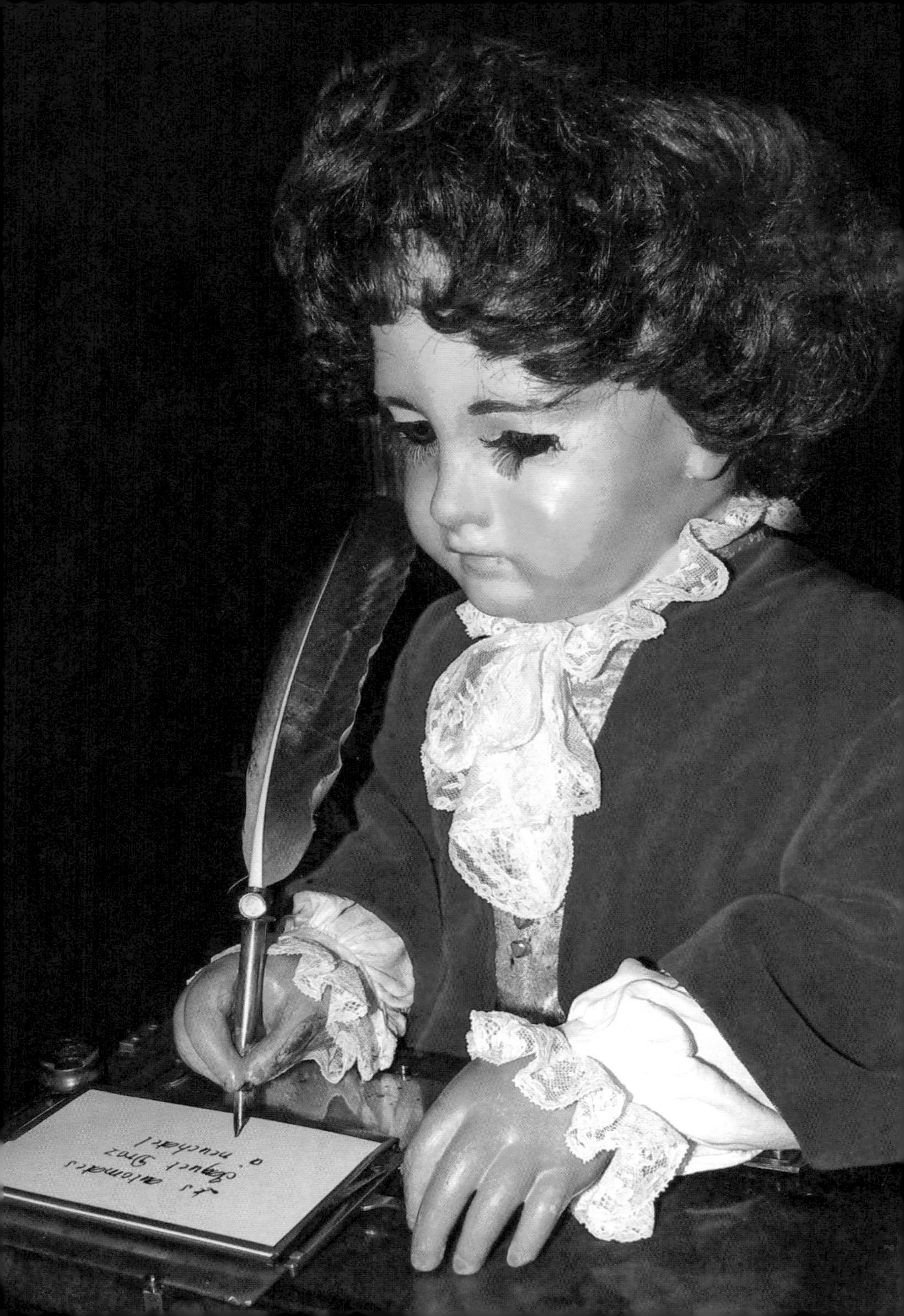
Les automates
Jaquet Droz
a neuchatel

1774 年

雅克-德罗自动装置

019

小说家让·洛兰（Jean Lorrain，1845—1906）写道：“它们可能是巨大的木偶，或者是在惊慌失措时留下的高大的人体模特——因为我预感到某种瘟疫……已经扫过那城，将城里的居民尽数掳去。我独自与这些‘木偶’在一起……痴迷于那些机器人毫无波动并且涂了漆的眼睛。”

这种关于逼真自动装置的怪异想法，让我们想起了人类对类机器人生物的长期着迷，同时也让我们想起了 18 世纪的一组特殊的机器人，这些机器人具有复杂性和可编程性，或许可以作为计算机早期鼻祖的例子。1768—1774 年，手表制造商皮埃尔·雅克-德罗（Pierre Jaquet-Droz，1721—1790）发明的这 3 款机器人——男孩作家（由大约 6000 个零件制成）、女音乐家（由 2500 个零件制成）和儿童画家（由 2000 个零件制成），吸引了大批崇拜者。其中男孩作家机器人把他的书写笔蘸上墨水，并可以用一系列凸轮编程，以编写长达 40 个字符的信息。他可以周期性地重新给笔蘸上墨水，眼睛也跟着他写下的内容移动。

女音乐家通过手指按动琴键来弹奏风琴。她的身体和头自然地摆动着，眼睛跟随着她的手指转动。她被设计成在表演前后继续“呼吸”，她的身体随着音乐的节奏起伏，似乎有了自己的情感。儿童画家可以画出 4 个不同的人和物：一只狗、路易十五、丘比特驾着一辆战车和一对皇家夫妇。

值得注意的是，这些自动装置的机械结构位于其体内（而不在，例如，附近的一个设备中），因此具有可编程性、小巧和逼真的特点。雅克-德罗建造机器人得到了儿子亨利·路易（Henri-Louis）和养子让·弗雷德里克·莱斯肖特（Jean-Frederic Leschot）的帮助，据说他后来为一个先天畸形的人造了两只假手。据记载，这双手戴着白手套，功能齐全，可以让使用者写字和画画。

另参见 · 加扎利的机器人（1206 年），赫斯丁机械公园（约 1300 年），宗教自动装置（1352 年），德·沃康森的鸭子机器人（1738 年）

雅克-德罗的作家机器人，瑞士纳沙泰尔的艺术与历史博物馆藏品。

T. Holst, del. W. Chevalier, sculp.

FRANKENSTEIN.

"By the glimmer of the half-extinguished light, I saw the dull, yellow eye of the creature open; it breathed hard, and a convulsive motion agitated its limbs. *** I rushed out of the room."

Page 43.

1818 年

《科学怪人》

“《科学怪人》(*Frankenstein*) 创作于第一次工业革命期间,” 世界经济论坛的首席人力资源官保罗·加洛 (Paolo Gallo) 写道,“那段时期发生的巨大变化让许多人感到困惑和焦虑。” 他就人类与科技的关系提出了一些尖锐的问题: 我们是在制造一个我们无法控制的怪物吗? 我们是否正在失去人性、同情心、感受同理心和情感的能力?

小说《科学怪人》突出了人工智能危险性的主题。在小说中, 科学家维克多·弗兰肯斯坦 (Victor Frankenstein) 抢劫了屠宰场和墓地, 以便构建一个生物, 然后他用“生命的火花”赋予其生命力。与此同时, 他把自己的创作看作一种永世不朽的实验:“在我看来, 生与死是理想的界限, 我应该首先突破这个界限, 向我们黑暗的世界注入一股光明的洪流。作为一个新物种的创作者它将祝福我……我想, 如果我能赋予无生命的物质以生命, 我就能……使腐烂的死尸重生。”

当玛丽·雪莱 (Mary Shelley) 19 岁完成这部小说时, 欧洲人对电在生物学中的作用和使死物复生可能性的理论着迷。玛丽在梦中想到了最基本的故事构思。碰巧的是, 意大利物理学家乔瓦尼·阿尔蒂尼 (Giovanni Aldini, 1762—1834) 在 1803 年前后曾在伦敦进行过许多通过电力使人类复活的公开尝试。

正如小说中许多人物的结局那样, 死亡和毁灭在小说中无处不在。值得注意的是, 维克多摧毁了他为怪物而设计的未完工的异性伴侣, 但怪物 (实际上从未被称为“科学怪人”) 却杀死了维克多的妻子伊丽莎白 (Elizabeth)。在小说的结尾, 维克多追着他创造的怪物到了北极, 维克多死在那里, 这个怪物发誓要自焚而亡。

记者丹尼尔·D. 阿达里奥 (Daniel D. Addario) 指出:“《科学怪人》所基于的观点是, 人类天生会排斥人工智能, 认为它不自然且怪诞。这在很大程度上要归咎于科学怪人那怪物般的外表……但是, 当人工智能以一种更具吸引力的外表出现, 或者以其实际用途的形式出现时, 情况又会如何呢?”

· 塔洛斯 (约公元前 400 年), 傀儡 (1580 年),《大草上的原蒸汽人》(1868 年),《罗素姆万能机器人》(1920 年)

1831 年版《科学怪人》的卷首页插图。

计算创造力

“作为一个社会人，我们嫉妒自己的创造力，”戈德史密斯学院（Goldsmith College）计算小组的西蒙·科尔顿（Simon Colton）和杰兰特·威金斯（Geraint Wiggins）写道，“有创造力的人及其对文化进步的贡献都受到了高度重视。此外，人的创造性行为是基于一整套智能能力的，因此模拟人的创造性行为对人工智能的研究提出了严峻的技术挑战。因此，我们认为，将计算创造力（Computational Creativity）定义为人工智能研究中超越所有其他领域的前沿领域是公平的—— 甚至可能是最终极的前沿领域。”

“计算创造力”，或简称“CC”，有几个含义。这里，我们指的是人工智能的一个子领域，它使用计算机或其他机器来模拟创造力。研究结果通常看起来是新颖的，而且有潜在的用处。“CC”也可以指增强人类创造力的程序。例如，利用人工神经网络（Artificial Neural Networks，ANNs）和其他方法，研究人员已经遵循以前的艺术家的风格创作出了优美的音乐或绘画。特别是，生成对抗网络（Generative Adversarial Networks，GANs）可以使用两个相互竞争的 ANNs 来生成虚拟的人脸、花卉、鸟类和房间内部的逼真图像。其他“CC”方法用于编写美味的烹饪食谱、制作新型视觉艺术、创作诗歌和故事，以及生成笑话、数学定理、美国专利、新的游戏、新颖的象棋谜题、天线和热交换器的创新设计，等等。简而言之，通过某种形式的计算或人工手段，计算机可以生成设计和输出。如果任何人产生这些设计和输出，将会被认为是一种创造性的行为。

关于“CC”的一个早期的简单例子是 1821 年，迪特里希·温克尔（Dietrich Winkel，1777—1826）发明的一种自动机械乐器 componium，它可以在音乐主题上产生看似无穷无尽的变化。它有两个琴筒，轮流演奏两段随机选择的音乐。一个飞轮作为编程器来决定选择的曲目。温克尔说，如果每次演出都持续五分钟，那么这个设备需要超过 138 万亿年才能产生所有可能的音乐组合！

· 拉蒙·勒尔的《伟大的艺术》（约 1305 年），拉加多写书装置（1726 年），《控制论的意外发现》（1968 年），遗传算法（1975 年），计算机艺术和 DeepDream（2015 年）

电子羊艺术品。电子羊是由斯科特·德雷夫斯（Scott Draves）开发的一个协同抽象艺术品系统。“羊”越受欢迎，寿命越长，并根据一种带有变异和交叉的遗传算法进行繁殖。

1822 年

巴贝奇的机械计算机

查尔斯·巴贝奇是一位英国分析学家、统计学家和发明家，1819 年，他目睹了土耳其机器人巡游英国并击败了人类国际象棋选手。当然，巴贝奇肯定知道土耳其机器人是一种戏法，但许多人认为，该机器人激励巴贝奇思考其他更实用的思维机器，这是人类迈向人工智能研发之路的早期一步。

巴贝奇经常被认为是前计算机史上最重要的数学工程师。尤其值得一提的是，他以设计了一个巨大的手摇机械计算器而闻名，这是现代计算机的早期先驱。巴贝奇认为这个装置在制作数学表格方面最有用，但他担心人类从它的 31 个金属输出轮上转录结果时会出错。如今，我们意识到巴贝奇比他的时代超前了大约一个世纪，他那个时代的政治和技术不足以实现他的崇高梦想。

巴贝奇差分机（Babbage's Difference Engine）始建于 1822 年，但从未完工，它的设计初衷是用大约 25 000 个机械部件计算多项式函数的值。他还计划发明一种更通用的计算机——分析引擎，它可以用穿孔卡编程，并有单独的区域用于数字存储和计算。据估计，1 台能够存储 1000 个 50 位数字的分析引擎的长度将超过 30 米。艾达·拉夫莱斯（Ada Lovelace，1815—1852），英国诗人拜伦勋爵（Lord Byron）的女儿，为分析引擎的程序提供了规格说明。虽然巴贝奇为艾达提供了帮助，但是很多人认为艾达才是第一位计算机程序员。

1990 年，威廉·吉布森（William Gibson）和布鲁斯·斯特林（Bruce Sterling）创作了小说《差分机》（*The Difference Engine*），引导读者想象巴贝奇的机械计算机在维多利亚时代的社会中出现的后果。事实上，在小说的结尾，我们进入了另一个虚构的 1991 年，其中一台具有自我意识的计算机已经进化，而且它似乎是这本书的叙述者。

· 算盘（约公元前 190 年），土耳其机器人（1770 年），ENIAC（1946 年）

查尔斯·巴贝奇差分机的部分工作模型，英国伦敦科学博物馆藏品。

1844 年

《缔造美的艺术家》 023

由纳撒尼尔·霍桑（Nathaniel Hawthorne，1804—1864）所著的《缔造美的艺术家》（*The Artist of the Beautiful*）是第一本关于机械昆虫的短篇小说。这本书也是笔者最喜欢的小说之一，它的文笔以及它所引发的对人工智能和人类反应的质疑尤其令人难以忘怀。这本书于 1844 年出版（在电灯泡发明之前）。故事围绕着天才欧文·沃兰（Owen Warland）的一生展开。欧文在一家手表店工作，他是一个天性敏感的年轻人。欧文暗恋着店主的女儿安妮·霍文登（Annie Hovenden），同时他也一直好奇是否有可能“模仿大自然中的优美的动作，例如鸟类的飞行或小动物的活动”。

最终，欧文成功地制造出了机械蝴蝶。店主发现了这个机械蝴蝶的早期模型，还差点把它压坏了。“这个机械模型简直就如蝴蝶的解剖结构一样精细又微小，”店主尖叫道，“欧文！这些小链子、轮子和桨上都有魔法吧！”

在故事的结尾，欧文决定向安妮展示他制造的新版机械蝴蝶：“一只蝴蝶在空中飞舞，然后，停在她的手指尖上，挥动着它那带有紫色和金色斑点的华丽翅膀，仿佛是在翩翩起舞。此刻所展现出来的辉煌、壮丽和精巧简直无法用言语形容，这些美仿佛都被赋予在这只蝴蝶之上。大自然的完美在这只机械蝴蝶上体现得淋漓尽致；它不像是在地球上的花朵间飞舞，而像是在天堂的草地上盘旋，和天堂里的孩子天使和婴儿精灵们一起玩耍。”

“太美丽了！太漂亮了！”安妮高声喊道，“它是活的吗？它是活的吗？”

机械蝴蝶一下又飞到空中，并在安妮的头上盘旋。然而，这个故事似乎有一个悲伤的结局：机械蝴蝶被一个不在意它的美的孩子压碎了，成了一堆“闪闪发光的碎片”。但欧文却顿悟了，因为他意识到这种机械蝴蝶的美丽是永恒的。

2015 年，机械蝴蝶获得了 9046884 号美国专利授权。这种机械蝴蝶能够根据人类的情绪状态来进行感知、反应和移动，以帮助改善我们的情绪。

· 德·沃康森的鸭子机器人（1738 年），雅克–德罗自动装置（1774 年），蒂克·托克（滴答）（1907 年），斯皮尔伯格的《人工智能》（2001 年）

《缔造美的艺术家》描述了一个关于精美机械蝴蝶的神秘但又真实的故事。

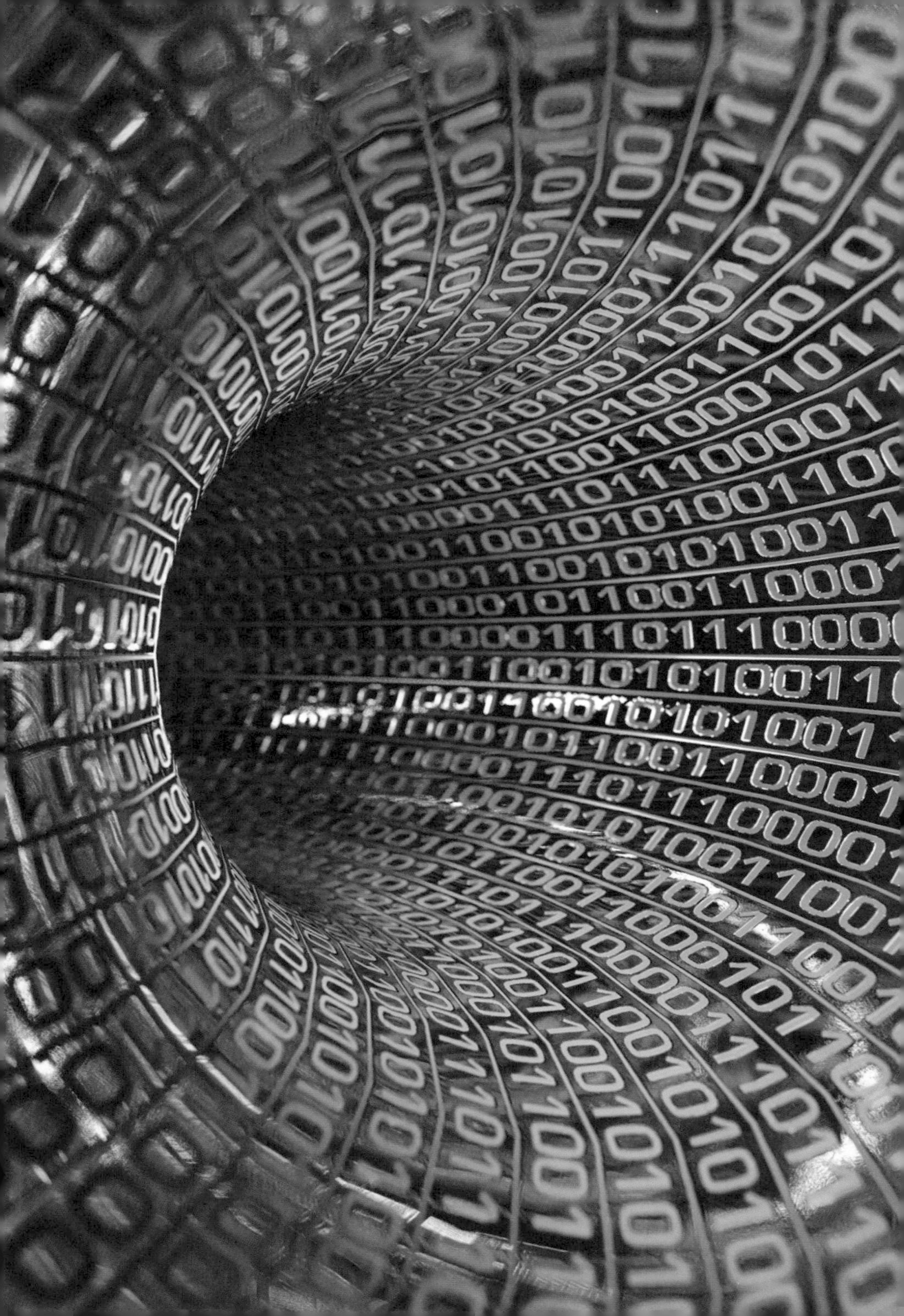

1854 年

布尔代数

在英国数学家乔治·布尔（George Boole，1815—1864）诞辰 200 周年之际，记者詹姆斯·蒂特科姆（James Titcomb）称他为“提出人工智能理论的早期思想家”，因为他相信所有的人类思想都可以归结为一系列数学规则，并且提倡用机器代替人类去做苦差事。

布尔在其最重要的著作中写道，他的目的是：“研究推理思维的基本规律，收集关于人类思维本质和构成的线索。”他于 1854 年出版了一部影响深远的著作:《基于思维规律研究而建立的逻辑和概率的数学理论》（*An Investigation into the Laws of Thought, on Which are founded the Mathematical Theories of Logic and Probabilities*）。布尔将逻辑简化为仅涉及两个量的简单代数：0 和 1，以及三个基本操作：“和”“或”“非”。如今，布尔代数在电话交换机和计算机的设计中有着广泛的应用。

在其里程碑式的著作中，布尔还写道，他的目标是“揭示那些高级思维间的秘密法则和关系，通过这些法则，人们可以获得超越对世界和人类自身感知的知识。”英国数学家奥古斯都·德·摩根（Augustus De Morgan，1806—1871）创造了数学“归纳法”这一术语。在其去世后出版的著作《悖论预算》（*A Budget of Paradoxes*）中，他赞扬了布尔的作品：“布尔的逻辑系统是天赋与耐心相结合的众多成果之一。作为数值计算工具而被发明的布尔代数，使得每一个思想行为都能得以表达，并可以提供一个包含全部逻辑系统的语法和字典。然而，在此之前，这些都是令人难以置信的！”

美国数学家克劳德·香农（Claude Shannon，1916—2001）在其学生时期就了解了布尔代数，并展示了如何使用布尔代数来优化电话路由交换机系统的设计。他还证明了带继电器的电路可以解决布尔代数问题。因此，在香农的帮助下，布尔为我们的数字时代提供了基础。

· 亚里士多德的《工具论》（约公元前 350 年），算盘（约公元前 190 年），模糊逻辑（1965 年）

在思考布尔代数时，乔治·布尔写道，他的目的之一是“研究那些推理思维的基本规律”。

1863 年

《机器中的达尔文》 025

英国作家塞缪尔·巴特勒（Samuel Butler，1835—1902）对未来可能出现的人工智能提出了早期见解，预测了诸如自我优化的超级机器智能及其存在的潜在风险。1863 年，在《机器中的达尔文》（*Darwin among the Machines*）一书中，巴特勒讨论了“机械生物”的未来：“我们自己创造了自己的继承者；我们每天都在使它们的身体组织更加美丽精致；我们每天都赋予它们更强大的力量，并通过各种巧妙的发明来为其提供自我调节、自我行动的力量。这种自我优化的力量之于机器人，就如智力之于人类一样。随着时间的推移，人类将发现自己已经沦为次等种族。”

巴特勒以惊人的洞察力预见了机器将逐渐控制人类：“我们越来越屈从于它们；每天都有更多的人把他们一生的精力投入机械生物的研发中，沦为被它们奴役的奴隶。总有一天，机器将成为这个世界的霸主”。

1872 年出版的《机器之书》（*The Book of the Machines*）中，巴特勒认为软体动物似乎并没有太多的意识，但人类的意识却得以进化。同样，机器的意识将慢慢形成。巴特勒要求我们“反思机器在过去几百年中取得的非凡进步，同时也要注意到动物和植物进化缓慢的事实。机器向着人性化方向的进化与其说发生在昨天，不如说就发生在最近的五分钟内……”

巴特勒的想法与当时控制论之父诺伯特·维纳（Norbert Wiener，1894—1964）不谋而合。维纳写道：“如果我们的目标是让机器学会学习，且使其行为可以通过经验而改变，那么我们必须面对一个事实：我们每多赋予机器一分独立性，就会使它们违背人类意愿的可能性增加一分。瓶子里的精灵不会心甘情愿地回到瓶子里，我们也没有理由期望它们能够一直服从我们。”

21 世纪的技术现在已经融入了人类生活的各个方面，无论是巴特勒还是维纳，他们对人工智能的思考似乎都很有先见之明。

另参见 · 霍布斯的《利维坦》（1651 年），《人有人的用处》（1950 年），智能爆炸（1965 年），防漏的“人工智能盒子”（1993 年），回形针最大化灾难（2003 年）

《 塞缪尔·巴特勒在《机器中的达尔文》中写道：“我们自己创造了自己的继承者……随着时间的推移，我们将发现自己已经沦为次等种族。”

Price, 10 Cts.

American Novels

No. 45 No. 45

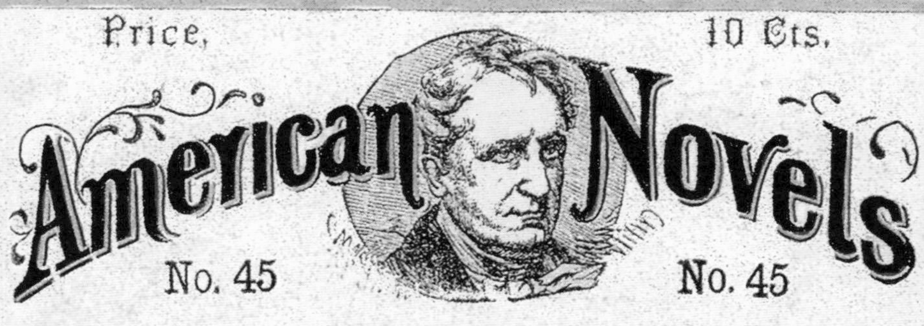

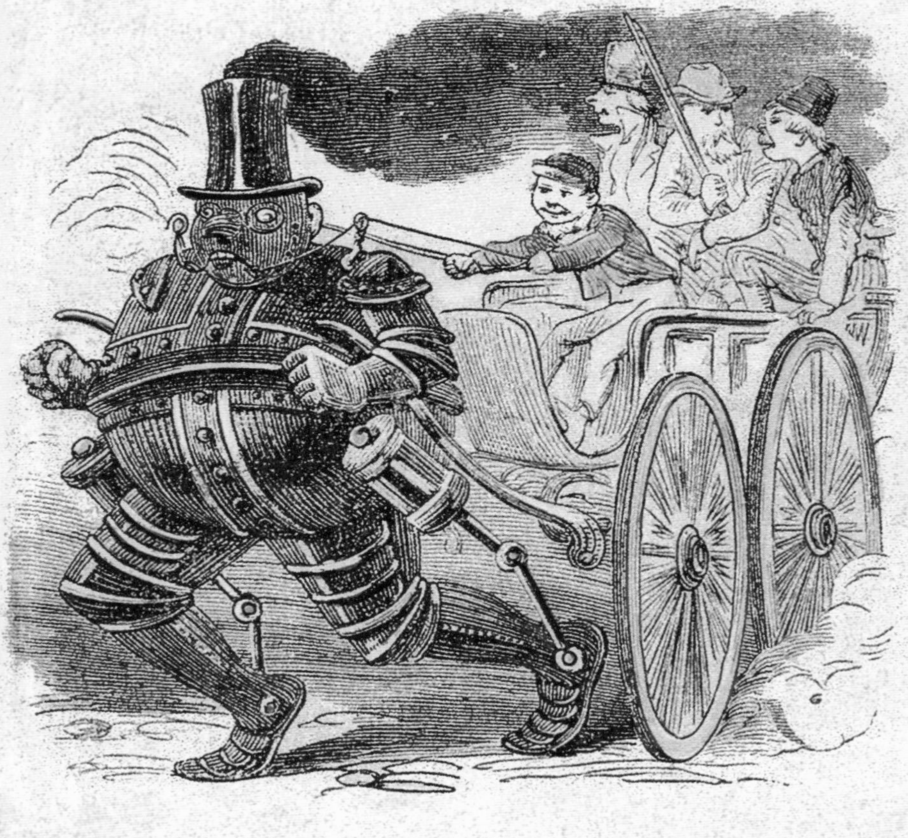

The Steam Man of the Prairies

FOR SALE BY

"The American News Co.,"

119 & 121 Nassau Street, N. Y.

1868 年

《大草上的原蒸汽人》

美国出版过的廉价街头读物中，对机械人最早的描绘出现在俄亥俄州作家爱德华·S. 埃利斯（Edward S. Ellis，1840—1916）所写的《大草原上的蒸汽人》（*The Steam Man of the Prairies*）一书中。这本书在 1868—1904 年再版多次。在埃利斯的小说中，一位名叫约翰尼·布雷纳德（Johnny Brainerd）的青少年发明家发明了一个约 3 米高的蒸汽人，并将它带到了美国中西部。这个蒸汽人戴着一顶烟囱帽，拉着一辆马车，凭借为其精心制作的“腿”以每小时近 100 千米的速度行走或奔跑。约翰尼的朋友和他的机器人在草原上追逐水牛，吓唬印第安人，还帮忙开采金矿。

埃利斯如此形容蒸汽人：“它就像议员一样，非常肥胖，换句话说，它的体型和它的高度很不协调。”圆润的外观才能在内部提供足够的驾驶空间。此外，“它的脸是铁质的……上面有着一双可怕的眼睛，还有一张巨大的嘴巴在咧嘴笑着……到目前为止，它都很正常，但当它跑步时，图中直立的螺栓显示出了它与人类的不同。”

《大草原上的蒸汽人》的灵感来自一个真正的由蒸汽驱动的类人机器人。1868 年，美国发明家扎多克·P. 德德里克（Zadoc P. Dederick）和艾萨克·格拉斯（Isaac Grass）获得了该项发明的专利。这部引人入胜的埃利斯系列小说也是“爱迪生”式故事的先驱。这个系列的故事讲述的通常都是一位年轻的男性发明家利用自己的聪明才智摆脱危险。正如历史学家安德鲁·利普达克（Andrew Liptak）所说：“埃利斯在撰写有关美国边境冒险的文章时，探索了生活在未知边缘的人们的生活，而这就像在遥远的太阳系中展开的现代故事一样……埃利斯的作品可以成为了解时代背景的良好窗口，告诉我们当时人们对未来的看法以及当时世界正发生的变化。”

·《电子鲍勃的大黑鸵鸟》(1893 年)，蒂克·托克（滴答）(1907 年)，摩托人埃列克托（1939 年）

爱德华·埃利斯出版于 1868 年的小说《大草原上的蒸汽人》的封面。

1883 年

汉诺塔 027

自 1883 年法国数学家爱德华·卢卡斯（Édouard Lucas，1842—1891）发明汉诺塔（Tower of Hanoi）并将其作为玩具出售以来，它就吸引了全世界的兴趣。这个数学游戏由 3 根柱子和几个套在上面的大小不同的圆盘组成。圆盘最初按照大小顺序堆叠在一根柱子上，最小的圆盘位于顶部。在玩游戏时，玩家可以移动任何堆栈中的顶部圆盘并将其放置在其他堆栈的顶部，同时一次只能移动一个圆盘，而且较大的圆盘不能放在较小的圆盘上面。游戏的目标是将整个起始堆栈（通常有 *8* 个圆盘）移动到另一根柱子上。最小移动次数为 2^n-1 次，其中 n 是圆盘的数目。

据说这个游戏最初的灵感来自传说中的印度神庙。在神庙中，婆罗门牧师不断地移动 64 个金盘，其使用的规则与汉诺塔相同。根据这个传说，当游戏的最后一步完成时，世界将会走向终结。请注意，如果牧师能够以每秒一次的速度移动金盘，那么 $2^{64}-1$ 或者说 18 446 744 073 709 551 615 次移动将需要大约 5850 亿年——是我们目前估计的宇宙年龄的 41 倍。

汉诺塔难题及其许多变体已经被用于各种机器人挑战赛。因为该难题提供了一个有用的标准化测试，可以评估机器人的高级推理能力以及将感知和控制相结合的能力。机器人的任务规划和运动规划能力（涉及一个或多个机器人手臂）在这些挑战中发挥了关键作用。

对于只涉及 3 根柱子的问题，简单的算法已经存在，而且该游戏通常在计算机编程课中被用来教授递归算法。然而，包含更多立柱的汉诺塔问题（和变种问题）的最佳解决方案还不得而知。同时对于多臂机器人，解决汉诺塔问题还必须计算无碰撞轨迹。

· 井字棋（约公元前 1300 年），土耳其机器人（1770 年），四子棋（1988 年），魔方机器人（2018 年）

在汉诺塔游戏中，玩家可以通过移除任何堆栈中的顶部圆盘并将其放置在任何其他堆栈的顶部，一次只能移动一个圆盘。较大的圆盘不能放在较小的圆盘上。在这里，游戏分 7 步完成。

No. 55. STREET & SMITH, Publishers. NEW YORK. 31 Rose St., N. Y. P. O. Box 2734. 5 C

Electric Bob's Big Black Ostric

Or, LOST ON THE DESERT.

By the Author of "ELECTRIC BOB."

BANG! BANG! BANG! EVERY REPORT FROM ELECTRIC BOB'S MACHINE GUN WAS FOLLOWED BY A YELL OR A SPLASH FR THE ENEMY.

1893 年

《电子鲍勃的大黑鸵鸟》

从罗伯特·T. 图姆斯（Robert T. Toombs）的《电子鲍勃》（*Electric Bob*）系列小说以及《大草原上的蒸汽人》中我们可以看出，19 世纪末的美国对模仿人类或动物的机械设备日益着迷。在《电子鲍勃的大黑鸵鸟》（*Electric Bob's Big Black Ostrich*，1893）中，10 岁的鲍勃是一位住在纽约市附近的天才工程师。他是电报发明者塞缪尔·莫尔斯（Samuel Morse，1791—1872）的后代。除了电子鸵鸟，鲍勃还发明了可用于运输的巨型白色机械鳄鱼以及其他机械化动物。这些各种式样的机器人拥有盔甲，能够穿越各种艰难的环境。

在小说中，鲍勃发现一只大型电子鸵鸟，它可以避开蛇并带着他和他的朋友穿越美国西南部的岩石沙漠。他从解剖学和生理学的角度仔细研究了鸵鸟活体标本，并设计了一个完美的运输工具："这只鸵鸟高达 9 米，有一颗巨大的头颅。它身体中心离地面 6 米，脖子长约 2.4 米……它所需的动力由放置在其大腿之间的强大的蓄电池提供。它能够以 32~64 千米 / 小时的速度前行—— 实际速度还将取决于路面情况。"

这本小说以其为读者提供的工程细节而著称。例如，它分解了机械鸟的所有材料和部件，包括其空心钢腿以及防弹铝翼和尾翼。鲍勃还说道："鸵鸟身上有水箱，以及存放食物、饮料和弹药等的地方，另外这是我们的机枪……它由一个巨大的旋转圆筒和一个短而重的枪管组成，里面装着 25 枚温彻斯特步枪子弹，可以通过转动曲柄来发射。"

虽然这些小说并不能真正解决围绕创造机械生命形式而产生的哲学问题，但这本爱迪生式的作品在表达偏见、希望和抱负的同时也完成了对时代的思考。

另参见 · 德 · 沃康森的鸭子机器人（1738 年），《大草原上的蒸汽人》（1868 年），蒂克 · 托克（滴答）（1907 年）

出版于 1893 年的《电子鲍勃的大黑鸵鸟》书中的插图。

No. 613,809. Patented Nov. 8, 1898.

N. TESLA.

METHOD OF AND APPARATUS FOR CONTROLLING MECHANISM OF MOVING VESSELS OR VEHICLES.

(No Model.) 5 Sheets—Sheet 1.

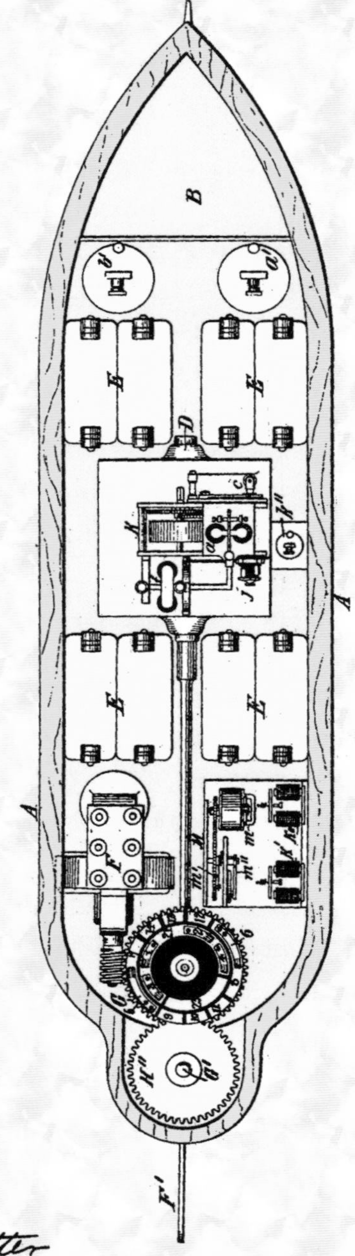

Witnesses:

Raphaël Netter

George Scherff.

Inventor

Nikola Tesla

1898 年

特斯拉的“借来的心灵”

1898 年，塞尔维亚裔美国发明家尼古拉·特斯拉（Nikola Tesla，1856—1943）演示了一艘用无线电遥控操作的船。他的演示让观众们惊叹不已，其中一些人甚至认为这可能是一种魔法或者心灵感应，也有人认为可能存在一只训练有素的猴子。当《纽约时报》的一位记者得知这是世界上第一艘无线电遥控船时，他认为特斯拉的发明可以用作在战争中携带炸药的武器。特斯拉告诉记者，不要局限于无线鱼雷，这是自动人（当时还没有“机器人”这个词）物种的第一人—— 机器人将代替人类来执行繁重的工作。

1900 年，在《增长的人类能量问题》(*The Problem of Increasing Human Energy*) 一文中，特斯拉写到了他的水上机器人：“可以说，知识、经验、判断……所有远程操作者的想法都可以在那台机器上实现，因此它能够移动并理智地执行所有操作……可以说，迄今为止，已建造出来的机器人都有着‘借来的大脑’，因为每个机器人都只是远程操作员的一部分。”

特斯拉甚至更进一步指出：“我们可以设计出这么一种自动装置，它有‘自己的思想’，[并且] 能够独立于任何操作者而完全控制自己，并对外部的刺激做出反应，执行各种各样的行为和操作，就仿佛它具有智慧一样。”

特斯拉经常被认为是现代科技时代的伟大先知。如今，像纳丁（Nadine）和索菲亚（Sophia）这样的超现实机器人（即人形机器人），因为其具有的进行对话的能力而使观众目瞪口呆，感到困惑。但事实上，特斯拉认为人类也仅仅是能对外部刺激和看法做出反应并采取行动的自动机器，并且他的一个宏伟目标是“构建一台能够自主地代表我（此处指特斯拉自己）的自动机器，并且会像人类一样做出反应。但当然，这需要能够感受到外部更加原始的刺激。这样的自动机器显然必须具有动力、运动器官、指导器官以及一个或多个传感器官，用来接收外部刺激并产生反应……只要自动机器能像智能生物一样完成所有的任务，那么它到底是由血与肉还是木头与钢材组成都无关紧要了。”

· 致命的军事机器人 (1942 年)，《人有人的用处》(1950 年)，无人驾驶汽车 (1984 年)

1898 年，尼古拉·特斯拉为他的无线电遥控船申请专利，其中包含电池、自动驾驶的螺旋桨、方向舵和灯。他相信未来会创造出智能的“远程自动机器”，从而引发社会革命。

Tik-Tok of Oz

By L. Frank Baum

1907 年

蒂克 · 托克（滴答）

当我们研究人工智能时，“我们首先要面临的最基本的问题就是对生命、死亡、性、工作和思想机制最基本的探究，”保罗 · 亚伯拉罕（Paul Abrahm）和斯图尔特 · 肯特（Stuart Kenter）写道，“……这是一项庞大的工程，需要我们在文学、哲学和一系列令人印象深刻的科学技术领域中进行艰苦卓绝的朝拜和探索。”在文学作品中，最早展现了机器与人类之间微妙界限问题的智能机器是蒂克 · 托克（Tik Tok），它是美国作家莱曼 · 弗兰克 · 鲍姆（Lyman Frank Baum，1856—1919）1907 年的小说《奥兹玛的蒂克 · 托克》（*Tik-Tok of Oz*）中出现的一种智能铜制机器人。为了给这个钟表机器人提供动力，必须有人定期拧紧它的 3 根发条弹簧，这 3 根弹簧分别控制着它的思想、动作（例如，行走）和语音。例如，如果仅仅激活它的思想同时抑制它的行为和语音，它就会成为一个孤立的“盒子里的 AI”。或者如果激活它的语音，但没有激活它的思想，那么它就没有足够的自然语言处理能力，只会发出毫无意义的声音。即使完全激活，它的语音处理模块也不是很自然，比如它单调的语调以及它对许多问题和命令只能进行刻板的、字面上的理解和回答。根据鲍姆的说法，蒂克 · 托克“除了无法拥有生命，别的事情都可以做”，而且它没有任何感情。当用鞭子惩罚它时，蒂克 · 托克不会受伤，因为鞭打只是对它的铜制身体进行“更好的抛光”。

蒂克 · 托克能够意识到它在这个世界中的地位。例如，当有人感谢它的善意时，它回答说：“我只是一台机器，没有喜怒哀乐，更不会懂得善恶美丑。”小说是面向年轻读者的，也让我们对人工智能的未来感到好奇。是否拥有情感是人与机器之间的主要区别吗？文学和电影在多大程度上影响了人工智能设计？以及我们可能对智能机器施加何种程度的限制？

“半机器人、机器人和其他机械生物是理解一个世纪以来人们对技术的狂热与恐惧的关键，”亚历克斯 · 古迪（Alex Goody）教授写道，“这体现了人们对技术侵略的恐惧，并向一些人暗示了技术超越的可能性，同时也对个体差异化的人类主体理念提出了挑战。”

另参见

· 兰斯洛特的铜骑士（约 1220 年），《大草原上的蒸汽人》（1868 年），阿西莫夫的“机器人三大法则”（1942 年），自然语言处理（1954 年），防漏的“人工智能盒子”（1993 年）

莱曼 · 弗兰克 · 鲍姆的《奥兹玛的蒂克 · 托克》一书封面。

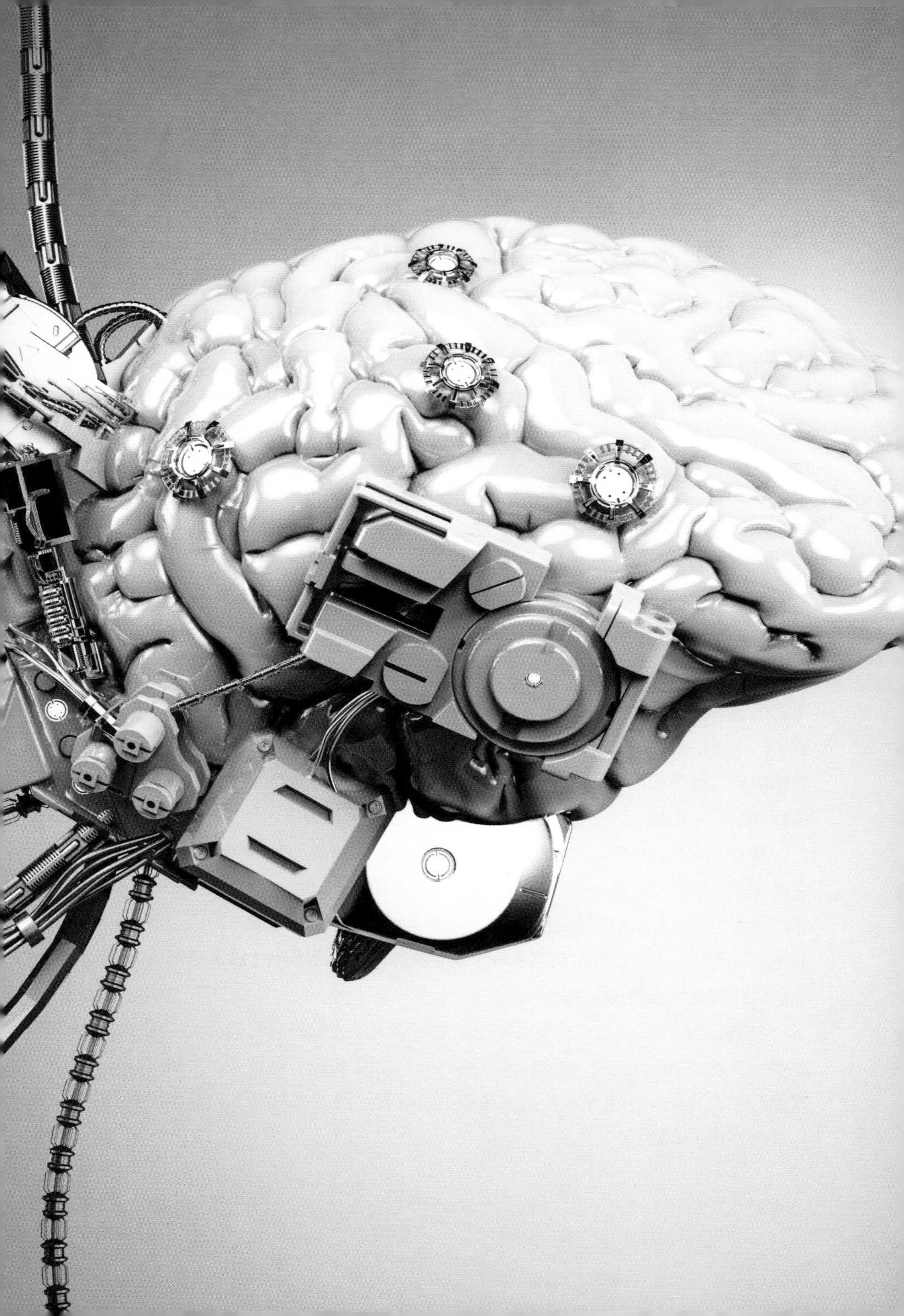

1907 年

寻找灵魂

031

计算机科学家艾伦·图灵（Alan Turing，1912—1954）在他 1950 年发表的论文《计算机器和智能》（*Computing Machinery and Intelligence*）中写道，在尝试创造人工智能时，我们并没有“不敬地篡夺”上帝“除了生育之外创造灵魂的权力；相反，在任何情况下，我们都是他的意志工具，为他所创造的灵魂提供居所。”一些未来主义者相信，当我们越来越了解大脑的结构时，我们也许就可以通过模拟人类的思维或者是将人类的思想上传到计算机来产生有意识的人工智能。这些推测基于一个唯物主义的假设——思维来自大脑活动。此外，17 世纪中期，法国哲学家勒内·笛卡尔（René Descartes，1596—1650）认为，“心灵”或者说“灵魂”与大脑分开存在。在他看来，这个“灵魂”通过像松果体这样的器官与大脑相连，它充当了大脑和心灵之间的门户。

各种关于灵魂与物质分离的观点代表了一种身心二元论的哲学理论。1907 年，美国医生邓肯·麦克杜格尔（Duncan MacDougall，1866—1920）试图通过将垂死的结核病患者放在一个天平上来证明这一理论。他推断，在人死亡的那一刻，随着灵魂的消散，天平应该会显示出体重的下降。根据这个实验，麦克杜格尔测量出灵魂的质量为 21 克。但麦克杜格尔和其他研究人员从未复现这一实验。

实验表明，我们的思想、记忆和个性可能会因大脑某些区域的损伤而改变，而大脑成像研究可以映射出我们的感觉和思想，这可能会验证一种更唯物主义的思想和身体观。举一个奇怪的例子，大脑右额叶的损伤可能会导致人们对精致餐馆和美食突然产生强烈的兴趣——这种情况被称为美食家综合征（gourmand syndrome）。当然，身心二元论者笛卡尔可能会认为对大脑的损害会改变我们的行为。这是由于灵魂在通过大脑控制行为。例如，如果我们损坏汽车的方向盘，汽车的正常运行会受到影响，但这并不意味着没有驾驶员。

· 意识磨坊（1714 年），超人类主义（1957 年），虚拟人生（1967 年），斯皮尔伯格的《人工智能》（2001 年）

艾伦·图灵写道，“人类不会不敬地篡夺上帝创造灵魂的力量。总有一天，我们会创造出先进的思维机器，就像我们生育孩子一样。”

Dec. 31, 1935. G. TAUSCHEK 2,026,3

READING MACHINE

Filed May 27, 1929

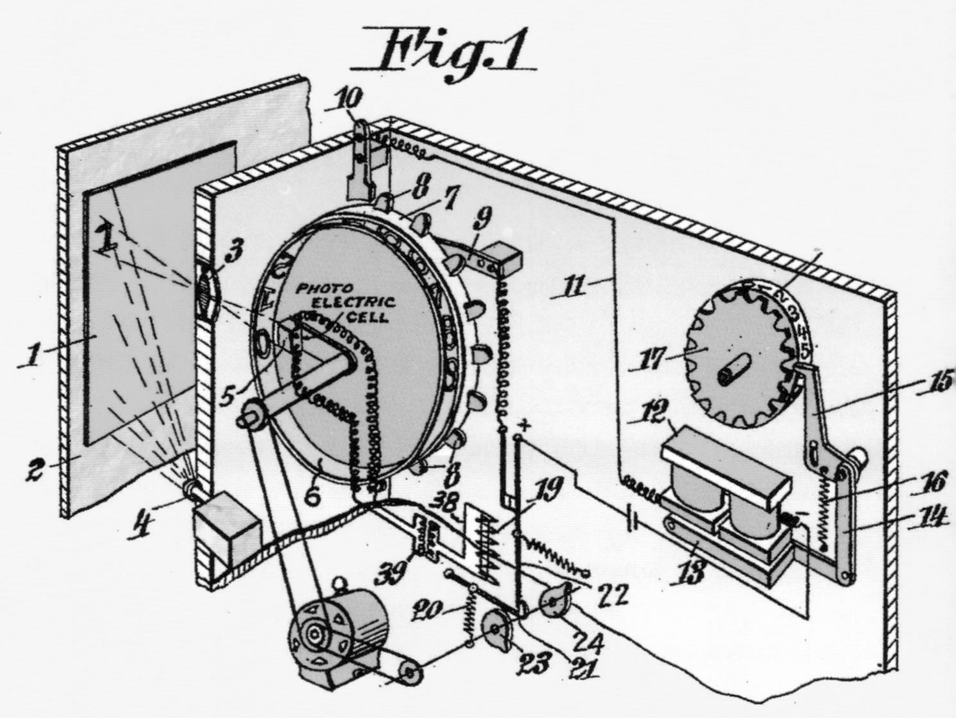

1913 年

光学字符识别

美国第二任总统约翰·亚当斯（John Adams）说过这么一句话："辨别自己的字迹是大多数人唯一一件能够做得比其他人更好的事情。" 事实上，人们对能够识别印刷字母表的自动化系统探索已久。光学字符识别（Optical Character Recognition，OCR）涉及多个研究和开发领域：计算机视觉、人工智能、模式识别，等等。OCR 指的是将多种类型（例如，手写、复印、打印）的文本图像转换成机器编码的文本。例如，邮件信封、车牌、书页、街道标志或护照上的文本需要被 AI 机器扫描并识别。有时 OCR 也用于为盲人将文本转换为语音。

以色列物理学家伊曼纽尔·戈德堡（Emanuel Goldberg，1881—1970）是 OCR 领域的一位早期探索者。他在 1931 年发明了一种文件搜索设备，该设备使用光电组件和模式识别来搜索微缩胶卷文件的信息。更早的时候，大约在 1913 年，爱尔兰物理学家埃德蒙·福尼尔·德·阿尔贝（Edmund Fournier d'Albe，1868—1933）发明了盲人光电阅读器。它通过使用光电传感器扫描文本并生成与字母相对应的音调来帮助盲人阅读。1974 年，美国发明家雷·库兹威尔（Ray Kurzweil，1948— ）发明了一种盲人阅读机，它可以扫描多种不同字体的文本并产生语音输出。

与此密切相关的领域包括手写识别（Handwriting Recognition，HR），这其中涉及监测笔的运动；对这些动作的分析可能有助于识别正在书写的单词。HR 通常采用 OCR 的方法，但也能通过给定上下文来确定最合理的单词，以提高准确性。人工神经网络也可用于 OCR 和 HR。

OCR 通常需要许多有趣的步骤，例如根据需要使用数学方法对文字的图像进行倾斜矫正、去除噪声、平滑边缘以及将其转换为黑白图像。然后，系统会将图像与存储的字符模板进行比较以识别字符，在这个过程中会使用到一些特定的图形特征（例如，圆环和直线）。

· 人工神经网络（1943 年），语音识别（1952 年），机器学习（1959 年）

图中展示了由奥地利工程师古斯塔夫·陶切克（Gustav Tauschek，1899—1945）发明的编号为 2026329 的美国专利阅读机，这个装置（圆盘 6，靠近插图的中心）有字母样的切口。当一个字符和一个字母形状的孔的图像重合时，相应的字母就会在纸上被打印出来。

FEDERAL
USA
WORK
WPA
THEATRE

MARIONETTE THEATRE

PRESENTS

RUR

REMO BUFANO DIRECTOR

1920 年

《罗素姆的万能机器人》 033

1920 年，捷克艺术评论家和剧作家卡雷尔·恰佩克（Karel Čapek，1890—1938）在其创作的剧本《罗素姆的万能机器人》（*Rossum's Universal Robots*）中引入了“机器人”（robot）这个词。

在《罗素姆的万能机器人》中，机器人是在大桶中由血肉组装起来的。它们作为工厂的工人为人类服务（本质上是廉价的器具），这使人类有了大量的休闲时间。但是，人类对于机器人的权利和人性的争论一直没有停止。海伦娜（Helena）是剧本中的主角之一，她希望解放机器人。但可惜的是，全世界都在使用的机器人最终摧毁了人类。然而，由于机器人没有掌握自我复制的方法，所以它们最终也会消亡。在剧作的最后，两个特殊的机器人坠入了爱河，它们是代表着人类星球未来的亚当和夏娃。

“robot”这个英文单词来自捷克语“robota”，意为强迫劳动。该剧是一个里程碑，它使得人们开始思考人工智能技术不断发展可能造成的影响——不仅在就业领域，同时存在的非人道主义可能也会对社会造成影响。除此之外，机器人的问题还可能会涉及人类的安全。人与智能机器之间的界限在哪里？这些机器什么时候能够先进到应该具有一定的权利或者成为人类的威胁？根据作家丽贝卡·斯蒂芬夫（Rebecca Stefoff）的观点，《罗素姆的万能机器人》认为“人性的闪光点在于人的感情和行为，而不在于人的肉身”。

“《罗素姆的万能机器人》的哲学内涵丰富，但争议颇多，”牛津大学信息哲学与伦理学教授卢西亚诺·弗洛里迪（Luciano Floridi，1964— ）写道，“它从问世之初就被公认为是一部杰作，并且已成为科技反乌托邦文学的经典之作。”早在 1923 年，这部剧作就已经被翻译成 30 多种语言。1922 年，该剧的美国首映典礼在纽约市举行，放映了 100 多场。

·《大都会》（1927 年），《人有人的用处》（1950 年），智能爆炸（1965 年），防漏的“人工智能盒子”（1993 年）

1939 年，由雷莫·布法诺（Remo Bufano）执导的舞台剧《罗素姆的万能机器人》的海报。

1927 年

《大都会》

1927 年，在由弗里茨·朗（Fritz Lang，1890—1976）执导，特娅·冯·哈堡（Thea von Harbou，1888—1954）编剧的无声电影《大都会》（*Metropolis*）中，发明家 C. A. 洛宏（C. A. Rotwang）说他的机器人从不疲劳也不犯错误，这些未来的工人将与人类毫无区别。故事发生在一座未来的城市里，人类被分为管控城市的休闲阶级和在地下工作并管理着巨大机器的下层阶级。

女主角玛丽亚（Maria）是一位关心工人和他们生活疾苦的年轻女性。电影情节的发展令人印象深刻。洛宏创造了一个与玛丽亚相似的机器人，其试图破坏她在工人中的声誉，并阻止叛乱的发生。假玛丽亚实际上是在鼓动工人们造反，但后来她被抓住并处以火刑。随着大火的燃烧，她的人类皮肤逐渐融化，露出了金属样的机器人外壳。

电影的核心观点是"心脏才是大脑和肌肉之间的媒介"，它探讨了人类和人工智能之间的本质区别。未来学家托马斯·隆巴多（Thomas Lombardo）写道："事实上，在科幻小说中，机器人是人类和机器的合成物。人类变成了机器，被技术同化，而机器则成了人类，表现出了我们人类最差的品质和特征……这体现了我们对科学和技术的恐惧，以及我们对未来的恐惧。"

《大都会》的主题在后来的电影中也有体现，比如经典电影《银翼杀手》（*Blade Runner*，1982）中也有仿真人。当然，当今热议的话题是对技术的过度依赖以及对未来人工智能时代劳动力的思考。正如后面要讨论的，人工智能技术已经发展到了机器人越来越可能被误认为是人类的程度。当人工智能发展到能够模拟我们信任、尊重的人，或成为让我们坠入爱河的"仿真人"时，它将会给我们造成深远的影响。

另参见

·《罗素姆的万能机器人》（1920 年），图灵测试（1950 年），人工智能伦理（1976 年），《银翼杀手》（1982 年）

《 电影《大都会》中的玛丽亚，在美国宾夕法尼亚州匹兹堡的卡内基科学中心的机器人名人堂展出。

1939 年

摩托人埃列克托 035

埃列克托（Elektro）应该在本书中占有一席之地，因为它被誉为世界上第一个“机器名人”，同时也是“美国现存最古老的机器人”之一。

它由西屋电气公司建造并在 1939 年的纽约世界博览会上展出，在那里一炮走红。这个高 2.1 米的人形机器人可以根据语音命令来做动作，也可以说几百个单词，甚至还会抽烟。它的光电眼可以区分红光和绿光。1940 年，它和一只可以吠叫并走动的机器狗斯帕克（Sparko）作为一个组合，在世博会上吸引了无数的参观者去排队观看它们的表演。

考虑到许多人会误解埃列克托是由人类装扮成的，设计师故意在它的身体上切了一个洞，以表明事实并非如此。实际上，埃列克托是用凸轮轴、齿轮和马达制成的，这些东西可以驱动它的头部、嘴巴和手臂。工程师约瑟夫·巴内特（Joseph Barnett）发明了这个机器人，它利用一些连接到继电器开关的 78 转 / 分钟的录音机来生成 700 个单词。埃列克托能说一些诸如“我的脑袋比你大”之类的话，而且它会根据听到的单词或音节的数量来对命令做出反应。例如，3 个单词（无论这 3 个词是什么）可以激活继电器而使埃列克托停止运动。但很可惜，它和斯帕克不能走得很远，因为它们的脚上连接有附近操作员控制所需的电缆。

多年来，埃列克托激励了许多孩子去从事工程学方面的工作。它还出现在 1960 年的喜剧电影《性感猫咪上大学》（*Sex Kittens Go to College*）中。不过后来它很快就被拆解了，它的头被作为礼物送给了西屋公司的一名退休员工。2004 年，它的各个部件被重新发现，然后重新组装。

另参见 · 达·芬奇的机器人骑士（约 1495 年），《大草原上的蒸汽人》（1868 年），机器人沙基（1966 年），ASIMO 和朋友们（2000 年）

1939—1940 年，纽约世博会上的埃列克托。

THE VODER

1939 年

语音合成

也许许多人都听过天体物理学家史蒂芬·霍金的合成声音。因为运动神经元的损坏，霍金无法说话，所以多年来他一直使用语音合成器代替自己说话。事实上，计算机系统将文本转换为语音的功能应用广泛，包括为视障者、幼儿或有各种阅读障碍的人大声朗读文本。合成语音还可以帮助计算机系统在与各种数字个人助理连接时模仿人类来进行交互。如今，新的使用神经网络的方法可以模拟特定人员的特定声音，这也导致我们越来越难以分辨我们信任的人的声音（例如，商业伙伴、父母、孩子）是不是由他们本人发出来的。当有人可以“窃取”其他人的声音并说出任何他想要说的话时，会发生什么？

人们已经通过各种手段实现了语音合成。例如，工程师可以存储数字化的语音单元并在回放时将它们连起来，或者他们可以通过共振峰合成法来利用声学信号独特的频率成分（即共振峰），还可以通过构建人类声道模型来进行语音合成。当然，像会说话的时钟、汽车、玩具和计算器这样的简单系统，若想进行回放，只需要存储一些预先录制的单词。

将文本转换为自然易懂的语音还存在许多挑战。例如，英语的发音问题，比如 tear、bass、read、project、desert 等单词的发音还取决于它们所在的语境。

合成语音史上早期的里程碑事件涉及了工程师荷马·达德利（Homer Dudley，1896—1980）的工作。他发明了声码器（即“语音编码器”），它可以使用各种电子滤波器并以电子的方式产生语音。另外还有 VODER（即“语音操作演示器”），操作员可以使用控制台来生成语音。后者采用了模拟人类声道的方法，并曾在 1939 年的纽约世界博览会上展出。

· 语音识别（1952 年），自然语言处理（1954 年），人工智能伦理（1976 年）

1939 年纽约世界博览会上，模拟人类声道的 VODER 吸引了大批观众。VODER 拥有一个控制台，操作员可以用它生成语音。

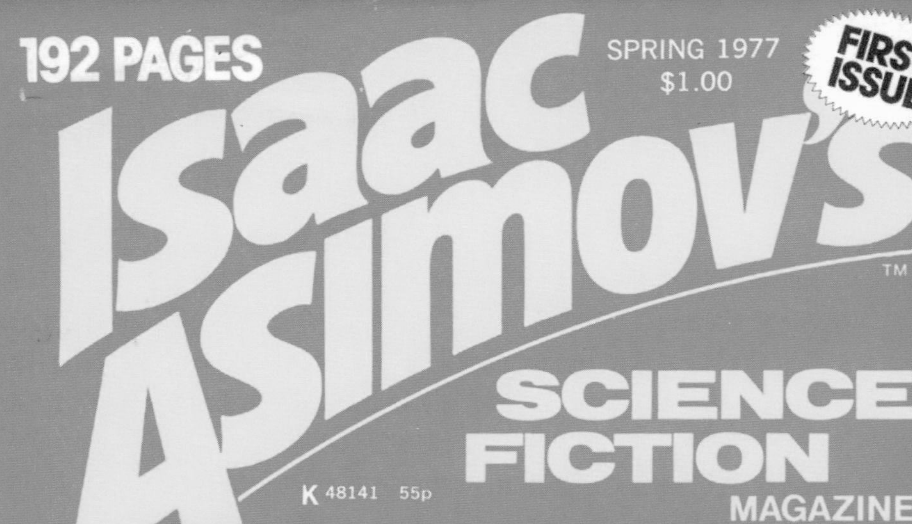

192 PAGES
SPRING 1977
$1.00
FIRST ISSUE
Isaac Asimov's
TM
SCIENCE FICTION
MAGAZINE
K 48141 55p

Isaac Asimov
Charles N. Brown
Arthur C. Clarke
Gordon R. Dickson
Martin Gardner
Edward D. Hoch
George O. Smith
Sherwood Springer
John Varley

ISAAC ASIMOV'S SCIENCE FICTION MAGAZINE™ SPRING 1977 $1.00

1942 年

阿西莫夫的“机器人三大法则” 037

未来几十年随着人工智能和机器人技术的发展，人们应该制定什么样的约束条件或编纂什么样的法律条文来确保机器人不会有危害人类的行为？ 1942 年，作家兼教授艾萨克·阿西莫夫（Isaac Asimov，1920—1992）在一个以智能机器人与人互动为主题的短篇小说《转圈圈》（*Runaround*）中介绍了他著名的“机器人三大法则”。这三条法则是：

1. 机器人不得伤害人类个体，或坐视人类受到伤害。
2. 机器人必须服从人类的命令，除非这些命令与第一法则相冲突。
3. 机器人在不违反第一、第二法则的情况下要尽可能保护自己。 73

阿西莫夫接着又写了许多故事来说明这些简单的法则会产生哪些意想不到的后果。

后来，他又提出了一条附加法则：“机器人不得伤害人类，也不能因为不作为而使人类受到伤害。”这些法则不仅对科幻作家有影响，对人工智能专家也造成了影响。人工智能科学家马文·明斯基（Marvin Minsky，1927—2016）指出，在了解了阿西莫夫法则后，他“从未停止过思考思维是如何发挥作用的。我们总有一天可以制造出会思考的机器人。但它们怎么思考，又在思考些什么呢？当然，逻辑思维可能会在某些情况下起作用，但在另外一些情况下并不起作用。如何建造拥有常识、直觉、意识和情感的机器人？还有，大脑是怎么做到这些事的呢？”

这些法则及其引发的附加问题都是值得关注且有意义的。我们可以在阿西莫夫法则中添加哪些其他法则？机器人不应该假装自己是人类吗？机器人应该“知道”它们是机器人吗？机器人应该被允许解释它们为什么采取行动吗？如果恐怖分子使用多个机器人来伤害人，每个机器人都不知道整个计划，从而使它们不违反第一法则，那该怎么办？我们也应该考虑这些法则对机器人军医会产生什么影响，他们在无法兼顾多名伤员时必须进行选择。自动驾驶车辆也必须选择是撞到儿童还是从悬崖上摔下而导致车内乘客死亡。最后，机器人可能在未来几年内就会进入人们的生活，但它真的可以确定“伤害人类”意味着什么吗？

另参见 · 致命的军事机器人（1942 年），人工智能伦理（1976 年），《银翼杀手》（1982 年），无人驾驶汽车（1984 年）

高产作家艾萨克·阿西莫夫以其“机器人三大法则”而闻名。左图为 1977 年的一期科幻杂志的封面，其中阿西莫夫的短篇小说《思考》（*Think*）令人工智能的概念得到了进一步的发展。

1942 年

致命的军事机器人

早在 20 世纪初，在战争中使用机器人的例子就有很多。例如，在第二次世界大战期间，德国人从 1942 年开始就在所有的战斗前线上使用坦克式的巨型机器人。他们通过相互连接的电缆远程控制这些携带着烈性炸药的巨型机器人，并使它们以自爆的方式来摧毁目标。

如今，无人机（无人驾驶飞行器）可以通过装备导弹来作为有效的武器系统，但它们通常需要远程人工输入指令和授权才能“被允许”摧毁目标。2001 年，一架 MQ-1“捕食者”无人机在阿富汗首次发动了致命的空袭。致命自主武器可以在没有人类干预的情况下选择并攻击军事目标，因此关于未来是否可以使用它们的争论仍在继续。但目前自动防御系统确实存在，它可以自主识别并攻击来袭的导弹。

军用机器人潜在的优势有很多：它们从不会感到疲倦或恐惧；它们可以迅速完成可能会使人类飞行员受到伤害的动作；它们可以挽救士兵的生命，减少附加损害和平民伤亡。原则上，机器人被指示去遵循各种规则，例如在不确定目标是平民还是战斗人员，或者不确定是否允许使用致命武器时，不能开火。对平民的潜在伤害可能与军事目标的规模或重要性成正比。面部识别软件可用于提高识别的准确性，而军事机器人可以与士兵并肩工作，以提高他们的战斗力，就像今天我们可以使用软件或机器人使外科手术操作更安全一样。但是我们应该给予这种战斗机多少独立性呢？如果机器人意外袭击了学校，该谁负责？

2015 年，一大批人工智能专家签署了一封信，提出了在军事上使用超出人类控制的进攻性自主武器的危险的警告，这可能导致全球的人工智能军备竞赛。这封信在国际人工智能联合会议上发表，并由史蒂芬·霍金、埃隆·马斯克（Elon Musk）、斯蒂夫·沃兹尼亚克（Steve Wozniak）和诺姆·乔姆斯基（Noam Chomsky）等人签名。

· 特斯拉的“借来的心灵”（1898 年），阿西莫夫的“机器人三大法则”（1942 年），《巨人：福宾计划》（1970 年），人工智能伦理（1976 年），自动机器人手术（2016 年），对抗补丁（2018 年）

致命自主无人机的艺术构想图，这种飞机会在视觉识别和 AI 确认后攻击敌方坦克。

1943 年

人工神经网络

人工神经网络通常被形象地比喻为由糖霜和堆叠的蛋糕片制成的多层蛋糕。根据我们的分析，这些层包含了简单计算单元形式的神经元。当这些神经元变得“兴奋”时，它们会将这种兴奋传播到与它们相连的其他神经元。权重和强度决定了“兴奋”的程度。通过一段时间的训练，各个权重和阈值从初始随机状态逐步进行调整，这些系统通过这样的过程来学习执行任务，比如通过分析大量被标记为“大象”以及“不是大象”的图像来识别大象。神经网络的基本训练方法包括“反向传播”，即它可以反向传递信息。神经网络现在被广泛应用于各种研究和实际应用中，包括游戏、车辆控制、药物设计、医学图像中的癌症检测及语言翻译。 77

1943 年，神经生理学家沃伦·麦卡洛克（Warren McCulloch，1898—1969）和逻辑学家沃尔特·皮兹（Walter Pitts，1923—1969）在发表于《数学生物物理学公报》（*Bulletin of Mathematical Biophysics*）的论文《神经活动内在思想的逻辑微积分》中讨论了神经网络中的一些基本计算模型。1957 年，弗兰克·罗森布莱特（Frank Rosenblatt，1928—1971）发明了用于模式识别的感知器算法，该算法后来在计算机硬件中得以应用。在 21 世纪，通过使用分布式计算（例如，在联网的多台计算机上计算）和 GPU（Graphical Processing Unit，图形处理单元）硬件，人工神经网络的效用得到显著改善。

人工神经网络是受到生物神经网络的启发而产生的，是实现机器学习的一种方法。在这种方法中，计算机拥有无须明确编程就能学习的能力。计算机科学中的“深度学习”是指具有多层结构的人工神经网络，它能够构建丰富的中间表征。但有时输入会被恶意操纵，从而使人工神经网络被欺骗，最终给出明显不正确的答案。此外，我们仍然很难理解人工神经网络如何以及为什么会给出一个特定的答案。尽管如此，鉴于最近神经网络这么多有价值的应用，谷歌人工智能专家杰夫·迪恩（Jeff Dean，1968— ）说：“动物长出眼睛是进化史的一次大发展，而现在电脑已经有了眼睛。”

· 强化学习（1951 年），感知器（1957 年），机器学习（1959 年），深度学习（1965 年），计算机艺术和 DeepDream（2015 年）

人工神经网络受到生物神经网络的启发，例如大脑中连在一起相互传递信号的神经元。

1946 年

ENIAC

1946 年的报纸头条对于 ENIAC 和智能机器的未来非常乐观。《费城询问报》(*The Philadelphia Inquirer*) 写道，"机械大脑扩展了人类的视野，"《克利夫兰商人报》(*Cleveland Plain Dealer*) 则宣称"计算机让人类感到自愧不如"，同时它也预示着"人类进入了一个新的时代。" 所有这些媒体对电子智能的关注，加上技术的进步，自然地引领着世界开始思考人工智能的未来。

ENIAC 是电子数字积分器和计算机(Electronic Numerical Integrator and Computer) 的缩写，是由美国科学家约翰·莫奇利(John Mauchly，1907—1980) 和约翰·皮斯普·埃克特(John Presper Eckert，1919—1995) 在宾夕法尼亚大学共同发明的。该设备是首批可用于解决大范围计算问题的电子可重复编程数字计算机之一。ENIAC 最初是为美军计算火炮射击表而设计的。然而，它的第一个重要应用却是参与氢弹的设计。

ENIAC 于 1946 年建成，耗资近 50 万美元，并且在 1955 年 10 月 2 日被关闭之前几乎一直在使用。该机器包含超过 17 000 个真空管和大约 500 万个手工焊接接头。它的输入和输出设备使用了 IBM 读卡器和卡片打孔机。1995 年，由简·范·德·斯皮格尔(Jan Van der Spiegel) 教授领导的工程系学生小组在一个集成电路上完成了一台重约 30 吨的 ENIAC 的"复制品"!

20 世纪三四十年代的其他重要电子计算机包括美国 Atanasoff-Berry 计算机(1939 年 10 月展出)，德国 Z3 计算机(1941 年 5 月展出) 和英国 Colossus 计算机(1943 年 12 月展出)。然而，与 ENIAC 相比，这些机器无法在满足完全电子化的同时进行通用计算。

ENIAC 专利(第 3120606 号，1947 年提交) 的作者写道："随着复杂计算在日常生活中的应用，运算速度变得至关重要，而目前市场上没有机器可以满足全部现代计算方法的需求……本发明旨在将这种冗长的计算时间缩减到几秒"。

· 算盘 (约公元前 190 年)，巴贝奇的机械计算机 (1822 年)，《巨脑：可以思考的机器》(1949 年)

ENIAC 是首批可用于解决大范围计算问题的电子可重复编程数字计算机之一。该机器包含超过 17 000 个真空管。

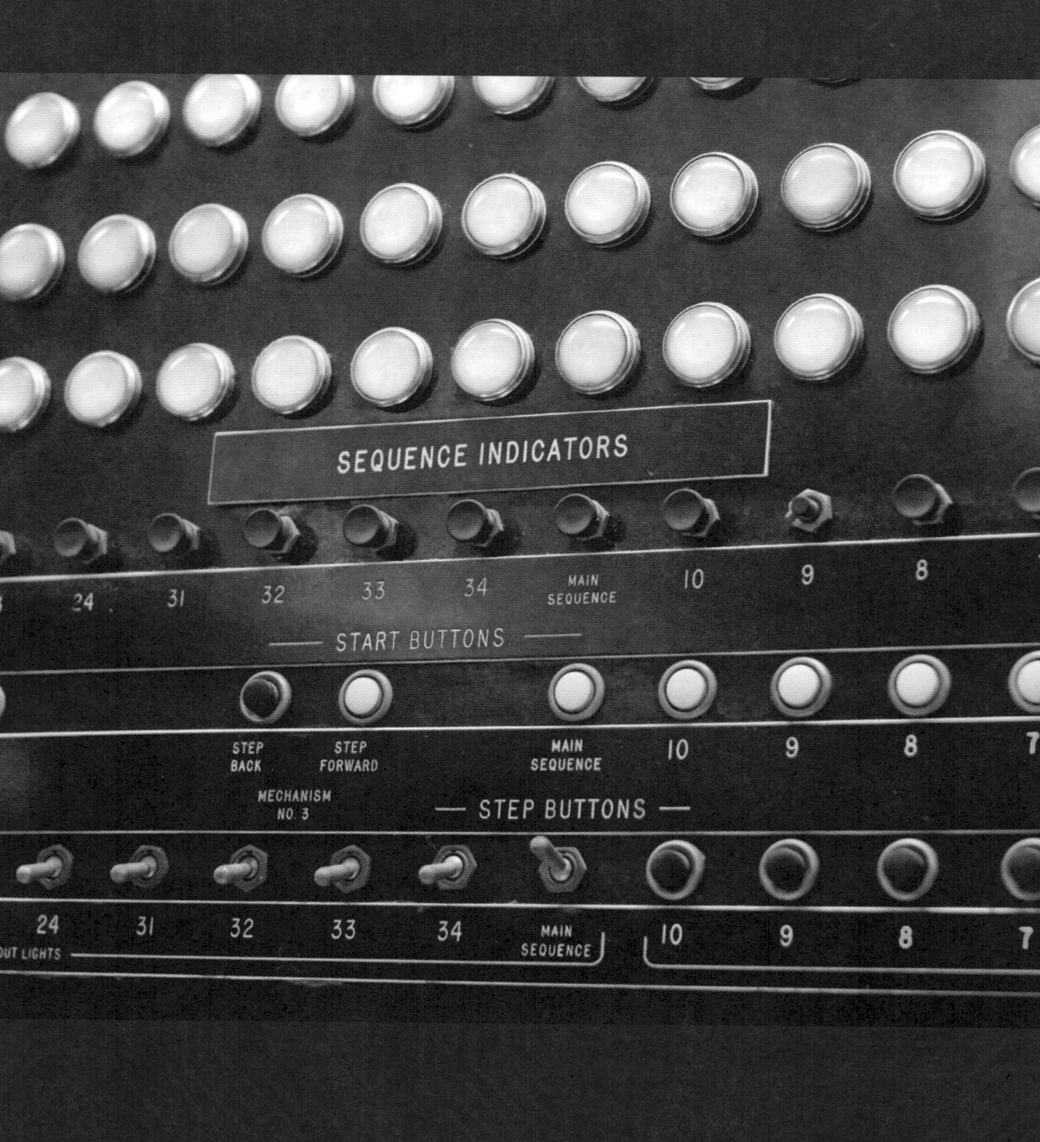
SEQUENCE INDICATORS
24
31
32
33
34
MAIN SEQUENCE
10
9
8
START BUTTONS
STEP BACK
STEP FORWARD
MAIN SEQUENCE
10
9
8
7
MECHANISM NO. 3
STEP BUTTONS
24
31
32
33
34
MAIN SEQUENCE
10
9
8
7

1949 年

《巨脑：可以思考的机器》 041

1949 年，美国计算机科学家埃德蒙·伯克利（Edmund Berkeley，1909—1988）出版了可能是第一本面向普通读者的计算机畅销书，书名叫《巨脑：可以思考的机器》（*Giant Brains, or Machines That Think*）。值得注意的是，书中讨论了大脑（brain）和思考（thinking）两个词是否适用于计算机。这种问题至今仍然存在。在书中，伯克利写道：“最近有很多关于奇怪的巨型机器的新闻。这些机器能够通过计算和推理以极快的速度和超高的技巧处理信息。一些机器比其他的更聪明，能够解决更多的问题……它们可以解决人类受限于生命长度而无法处理的问题……这些机器类似于大脑，只是它不是由肉和神经而是由硬件和电线组成的。因此，我们可以很自然地将这些机器称为机器大脑。”

有意思的是，在这本书创作之时，电子计算机几乎还不为公众所知。这些“巨型大脑”并不太多，伯克利在书中讨论了其中的几个，包括麻省理工学院的差分机 2 号（Differential Analyzer Number 2），哈佛大学的 Mark I（也称为 IBM 自动序列控制计算器），宾夕法尼亚大学的 ENIAC，贝尔实验室的通用继电计算器，以及由哈佛学生建造的卡林-布克哈特逻辑-真理计算器（Kalin-Burkhart Logical-Truth Calculator）。1961 年伯克利给该书写的尾注中指出：即使是“直觉思维”也可能有一天会通过机器实现：“也许直觉思维是大脑对可能备选方案进行快速浏览，并进行迅速的评估。因此，人可以几乎不用思考就得到结论。如果是这样，那么我们当然可以对计算机进行编程，在已知结论获取方法的情况下，让它们表现出所谓的直觉思维。”

· 霍布斯的《利维坦》（1651 年），意识磨坊（1714 年），ENIAC（1946 年），《巨人：福宾计划》（1970 年），《请叫他们人造外星人》（2015 年）

一个“巨脑”。这里展示的是 IBM 自动序列控制计算器（Automatic Sequence Controlled Calculator，ASCC）的序列指示器和开关，即哈佛 Mark I 计算机，位于哈佛大学的一栋科学大楼。

1950 年

图灵测试

法国哲学家丹尼斯·狄德罗（Denis Diderot，1713—1784）曾经说过："如果找到一只可以回答所有问题的鹦鹉，我会毫不犹豫地说它是一只聪明的动物。"这就引发了一个问题：经过适当编程的计算机可以被认为是会"思考"的智能实体吗？1950 年，英国计算机科学家艾伦·图灵试图用他发表在《心智》（*Mind*）杂志上的著名论文《计算机器与智能》（*Computing Machinery and Intelligence*）来回答这个问题。他认为，如果计算机的行为方式与人类相同，我们不妨称之为智能。然后他提出了一项特殊的测试来评估给定计算机的智能。想象一下：计算机和人类都用文本来回答人类评委打字提出的问题，而这些评委无法看到实际上是谁或是什么在回答。如果评委在研究了文本回答之后无法区分出计算机与人，那么计算机就通过了我们今天所称的"图灵测试"（Turing Test）。

如今，每年举行一次的罗布纳（Loebner）比赛正是为了表彰那些创造出最接近图灵测试程序的计算机程序员。当然，图灵测试多年来也引发了很多争议。例如，如果计算机实际上比人类更"聪明"，那么它需要假装不那么聪明，因为测试的重点是模仿人类。因此，它会通过狡猾并有趣的技巧来愚弄评委，例如：打错字、改变谈话主题、插入笑话、向评委提问等。2014 年，由俄罗斯程序员开发的会话机器人通过了某个版本的图灵测试。它假装是一个名叫尤金·古斯特曼（Eugene Goostman）的 13 岁的乌克兰男孩。

人们对图灵测试价值的另一个质疑是，人类评委的专业水准很可能会影响测试的准确性。然而，无论我们如何看待图灵测试检测"智能"的能力，它肯定会激发计算机程序员和工程师的创造力。

另参见 ·《机器中的达尔文》（1863 年），《巨脑：可以思考的机器》（1949 年），自然语言处理（1954 年），伊丽莎心理治疗师（1964 年），中文屋（1980 年），莫拉维克悖论（1988 年）

图灵测试探究了机器是否有能力表现出与人无异的智能行为。

n(C) = 84
n(BUC) = n(B)+n(C)
-n(BnC)
f(x) ≤ 5
x²-4x+5 ≤ 5
x²-4x ≤ 0
126 = 6xy
2x+2y = 20
E=mc²
A=πr²h
cos(B) = y/x
10000a+100b

1950 年

《人有人的用处》

美国著名的数学家和哲学家诺伯特·维纳是控制论领域的主要创始人之一，控制论的反馈机制在人类科学技术的许多领域都有体现。根据人工智能专家丹尼尔·克雷维尔（Daniel Crevier）所说，维纳认为反馈是一种信息处理方式，即：人们可以根据接收到的信息做出决策。维纳推测所有智能行为都是反馈的结果；根据定义，智能就是接收和处理信息的结果。

在《人有人的用处》（*The Human Use of Human Beings*, 1950）一书中，维纳研究了人类和机器合作的方式。他的设想在人们几乎不断进行电子通信的今天当然具有适用性。“本书的论点是，只有研究属于社会的信息和通信设施才能理解社会；在未来，这些信息和通信设施的发展，包括人与机器之间、机器与人之间以及机器与机器之间的信息，注定要发挥越来越大的作用。”

他预见到了未来机器对学习的需求，但他同时也对将决策过程委托给缺乏思维能力的机器提出了警告：“如果不具备学习能力，任何为做决策而设计的机器，最终也只能对决策进行肤浅的理解。如果让它决定我们的行为，除非提前审查过它的行为准则，并且完全知道它的行为将按照我们可接受的原则进行，否则我们就有麻烦了！ 机器可以学习并根据其学到的内容做决定，但无法确保它能够做出和人类一致的，或者能够被我们所接受的决定。 如果一个人不管机器是否能够学习，都把责任推给机器，那么这完全是一种不负责任的表现，而且最终会陷入一片慌乱。”

这些警告对如今的我们有重要意义，许多未来学家警告说我们需要找到一种安全使用人工智能的方法。

另参见 ·《机器中的达尔文》（1863 年），特斯拉的“借来的心灵”（1898 年），达特茅斯人工智能研讨会（1956 年），智能爆炸（1965 年），深度学习（1965 年）

诺伯特·维纳写道，“没有办法保证能够学习并能根据学习做出决定的机器一定会做出我们应该会做或者是我们可以接受的决定。”

1951 年

强化学习

强化学习（Reinforcement Learning）让人联想到猫在寻求奖励时的简单行为。20 世纪初期，心理学家爱德华·桑代克（Edward Thorndike，1874—1949）将猫放入箱子里，它们只有踩到开关才可以逃离。经过一番徘徊之后，猫最终会偶然踩到开关上，然后门会打开，它们随之就得到像食物这样的奖励。在猫学会将这种行为与奖励相关联之后，它们就会以越来越快的速度逃脱，最终达到最大的逃生率。

1951 年，认知科学家马文·明斯基和他的学生迪恩·爱德蒙（Dean Edmunds）发明了随机神经模拟增强计算器（Stochastic Neural Analog Reinforcement Calculator，SNARC）。这是一种由 3000 个真空管组成的神经网络机器，用于模拟 40 个相互连接的神经元。明斯基使用该机器来模拟老鼠在迷宫中穿行的情景。当老鼠碰巧做出一系列有用的动作并从迷宫中逃脱时，与这些动作相对应的神经连接将得到加强，从而加强了这些行为的期望值，并促进了学习。

如这些例子所示，强化学习最简单的定义是它是机器学习的一个领域，涉及全面考虑一组状态以接收奖励或最大化累积奖励。“学习者”通过反复测试动作来发现哪些动作可以产生最高奖励。如今，强化学习经常与深度学习相结合，使用大型模拟神经网络来识别数据的模式。通过使用强化学习，系统或机器可以在没有明确指示的情况下学习；例如自动驾驶汽车、工业机器人和无人机这样的机器都可以通过反复试错和积累经验来发展和提高自身的能力。广泛应用强化学习的一个现实困难是它需要大量数据和实践模拟。

· 井字棋（约公元前 1300 年），人工神经网络（1943 年），机器学习（1959 年），双陆棋冠军被击败（1979 年），国际跳棋与人工智能（1994 年）

强化学习是一种通过最大化累积奖励来刺激机器学习的有用方法。早期应用包括走迷宫，学习玩跳棋、井字棋和双陆棋。

1952 年

语音识别 045

最近一期《经济学人》(*The Economist*) 杂志将如今的语音识别设备比作“施魔法”，让人们“仅仅通过语言就控制世界。”这让我们想起小说家阿瑟·C.克拉克(Arthur C. Clarke, 1917—2008)的断言，即任何足够先进的技术都和魔法无异。“迅速崛起的语音计算技术证明了克拉克的观点……你只需要向空中说几句话，附近的设备就可以满足你的愿望。”

语音识别技术有着悠久的历史，它使机器能够识别口语。1952 年，贝尔实验室开发了AUDREY 系统，该系统利用真空管电路来识别数字语音。10 年后，在 1962 年西雅图世界博览会上，IBM 展出的 Shoebox 机器识别出了包括数字 0 到 9 在内的 16 个单词。同时，如果听到像 plus 这样的单词，它将执行加法运算。1987 年，由美国玩具公司 Worlds of Wonder 生产的朱莉娃娃可以识别出一些简单的短语并做出回复。

语音识别技术目前已经有了很大的发展。历史上，研究者们曾使用过隐马尔可夫模型(Hidden Markov Model, HMM)。这是一种用于预测声音是否和单词对应的统计方法，而如今的语音识别大量使用深度学习(即多层人工神经网络)以实现高精度。例如，语音识别系统可以在嘈杂的环境中检测到声音流，并参考在训练过程中遇到的各种单词和短语的概率，对所说的内容进行多次“猜测”。专用的应用程序可能知道使用专用短语的可能性，例如，“腹主动脉瘤(bdominal aortic aneurysm)”这样的短语在可能的识别结果中的排序，取决于该词出现在放射学科的听写软件中还是在等待简单指令的汽车中。

如今，在我们的家庭、汽车、办公室和手机中，多种多样的数字助理可以回答我们的语音问题和命令，同时它们还可以帮助听写笔记。另外，盲人和残疾人也可以从语音输入中受益。

另参见 · 语音合成（1939 年），人工神经网络（1943 年），自然语言处理（1954 年）

IBM 的 Shoebox 机器可以听懂操作员的数字和算术命令，如:“五加三加八减九，结果是?”

SENSE
MEMORY REGISTER
ACCUMULATOR
MULTIPLIER-QUOTIENT REGISTER
INSTRUCTION COUNTER
INSTRUCTION REGISTER
INSTRUCTION ENTRY

1954 年

自然语言处理

1954 年，一份 IBM 的新闻稿宣称："俄语首次被电子'大脑'翻译成英文。著名的 701 电脑在几秒钟内就可以将句子翻译成易于阅读的英语。一位完全不懂俄语的女孩在 IBM 的卡片上打出了一条俄语消息。"新闻稿中还说"'大脑'在自动打印机上以每秒两行半的惊人速度飞快地进行英文翻译。女孩输入：'Mi pyeryedayem mislyi posryedstvom ryechyi'，701 电脑马上将其翻译了出来：'We transmit thoughts by means of speech.（我们通过语言传达思想。）'"

1971 年，计算机科学家特里·威诺格拉德（Terry Winograd，1946— ）编写了 SHRDLU，这是一个可以将人类命令翻译并执行的程序，如"将红色块移到蓝色金字塔旁边"。如今，自然语言处理（Natural Language Processing，NLP）通常涉及许多 AI 子领域，包括语音识别、自然语言理解（例如，机器阅读理解）和语音合成。其中一个目标就是促进人与计算机之间进行自然的交互。

早期的 NLP 通常使用复杂的手动创建的规则集。但是在 20 世纪 80 年代，NLP 越来越多地使用机器学习算法，这些算法通过分析大量的示例语言输入来学习规则。典型的 NLP 任务可能包括机器翻译（例如，将俄语翻译成英语）、回答问题（例如，"法国的首都是哪里"）、情感分析（分析某个主题的情绪和态度）等。通过分析文本，输入音频和视频，NLP 可以用于各种领域，包括垃圾邮件筛选、长篇文章的信息总结，以及智能手机应用的问答。

NLP 面临的挑战还有很多。例如，在语音识别中，相邻单词的声音彼此融合的情况会出现，并且计算系统还必须考虑句法（即语法）、语义（即意义）和语用学（即目的或目标）以及在不同语境中的词语具有不同的含义。如今，人工神经网络方法的大量使用有助于提高其准确性。

· 语音合成（1939 年），人工神经网络（1943 年），图灵测试（1950 年），语音识别（1952 年），机器学习（1959 年），利克莱德的《人机共生》（1960 年），伊丽莎心理治疗师（1964 年），积木世界（1971 年），偏执狂帕里（1972 年），"危险边缘"里的沃森（2011 年）

1954 年，在一个名为"Georgetown-IBM 实验"的著名研究项目公开演示中，俄语被 IBM 701 计算机的电子"大脑"自动翻译成英文，如图所示。

1956 年

达特茅斯人工智能研讨会 047

“1956 年的夏天，”记者卢克·多梅尔写道，“在猫王——埃尔维斯·普雷斯利（Elvis Presley）的扭臀舞还十分流行的时候……人工智能领域的第一次正式会议也召开了。而且美国总统德怀特·艾森豪威尔（Dwight Eisenhower）还授权将‘我们相信上帝’作为美国的座右铭。”在这次会议上（达特茅斯人工智能夏季研究项目），由计算机科学家约翰·麦卡锡（John McCarthy，1927—2011）提出的“人工智能”一词开始为人们所接受。

在该研讨会上，达特茅斯学院的麦卡锡，哈佛大学的马文·明斯基，IBM 的纳撒尼尔·罗切斯特（Nathaniel Rochester，1919—2001）和贝尔实验室的克劳德·香农正式提议：“我们提议在夏季举行为期 2 个月，有 10 个人参与的人工智能研讨会……[我们猜想] 学习的每一步或智能的任何特征原则上都可以进行精确的描述，以便机器对其进行模拟。人们尝试让机器使用语言，形成抽象概念，并进行概括，解决目前人类留存的各种问题，并实现自我进化。如果精心挑选的一组科学家在一起工作一个夏天，就可以取得重大进展……”该提案还特别提到了其他几个关键领域，包括“神经网络”和“随机性以及创造力”。

会议期间，美国卡内基梅隆大学的艾伦·纽厄尔（Allen Newell，1927—1992）和希尔伯特·西蒙（Herbert Simon，1916—2001）推出了一个证明符号逻辑定理的程序——Logic Theorist（逻辑理论家），它被公认为是“第一个人工智能程序”。作家帕梅拉·麦考达克（Pamela McCorduck）写道：“他们有一个共同的信念……我们所谓的思考确实可以在人类脑袋之外发生，这是一项正式且科学的研究，数字计算机便是最好的证明。”

由于人工智能技术的复杂性，以及与会者们不尽相同的参会时间，人们对这个会议的期望可能有点过高。不管怎么样，达特茅斯人工智能研讨会还是汇集了一批不同领域的研究人员，他们在接下来的 20 年里对这一领域产生了影响。

· 人工神经网络（1943 年），自然语言处理（1954 年），利克莱德的《人机共生》（1960 年）

达特茅斯人工智能夏季研究项目提案被认为是人工智能史上的一个重要事件，由计算机科学家约翰·麦卡锡（该照片摄于 1974 年）提出的“人工智能”这一术语开始获得认可。

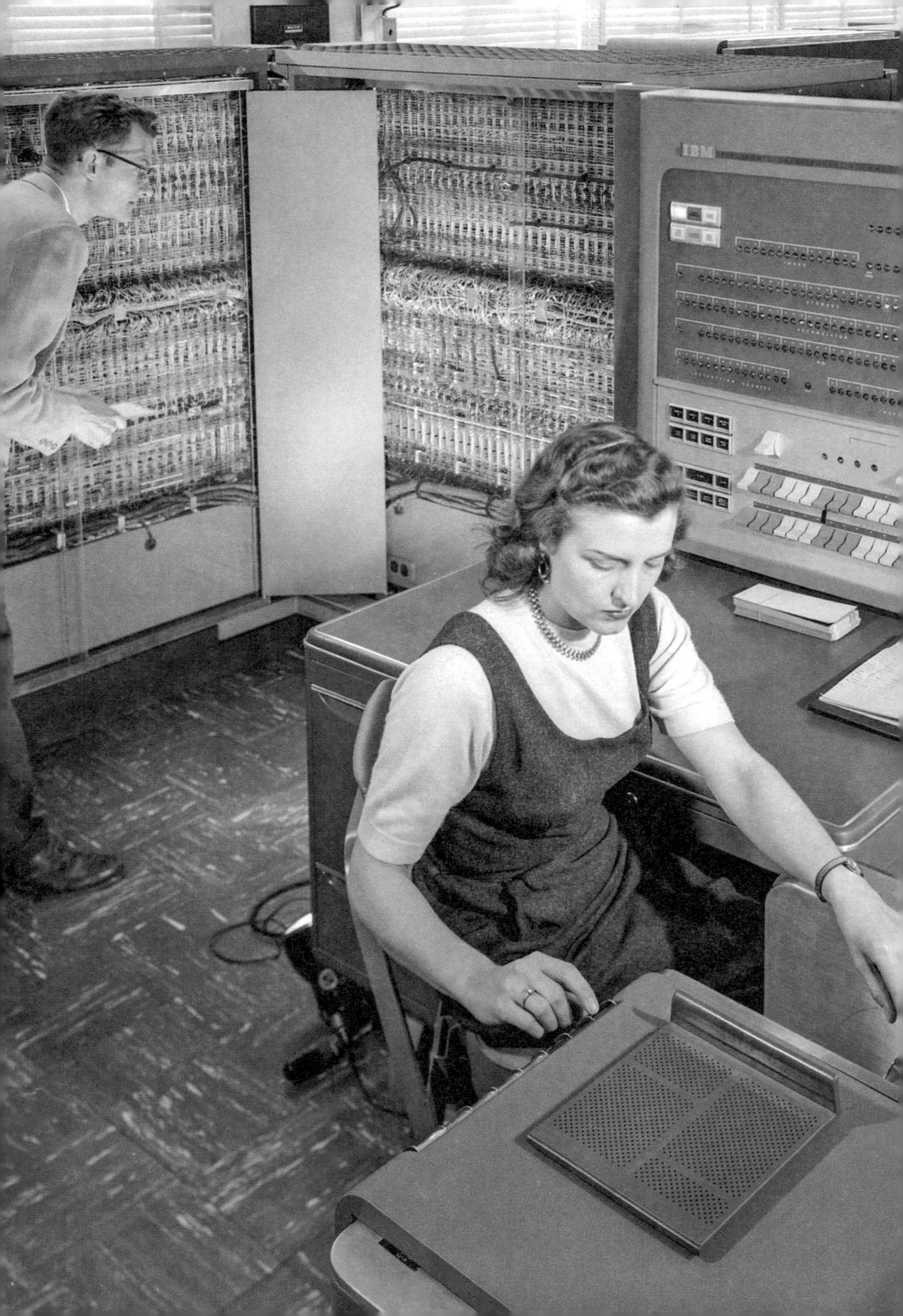
IBM

感知器

如今，人工神经网络已经被用于无数领域，包括模式识别（例如，人脸识别）、时间序列预测（例如，预测股票价格是否会上涨）、信号处理（例如，滤除噪声）等。有关神经网络的基础在本书第 20 页已经提及。1957 年，心理学家弗兰克·罗森布拉特（Frank Rosenblatt，1928—1971）开发的感知器是在通往全功能神经网络的道路上迈出的历史性重要一步。1958 年，由于罗森布拉特对感知器的潜心研发，《纽约时报》（*New York Times*）宣称感知器是“电子计算机的雏形，（美国海军）期望它能够行走、说话、看、写、自我复制并意识到自己的存在”。

最初的感知器是具有三级连接的“神经元”（即简单的计算单元）。第一级是相当于眼睛视网膜的 20×20 的光电管阵列。第二级包含从光电管接收输入的连接器单元，其初始连接是随机的。第三级由输出单元组成，这些输出单元对放置在机器前面的物体（例如，“三角形”）进行标记。如果感知器预测正确（或不正确），研究人员可能会加强（或削弱）生成标签的单元之间的电连接。

第一个版本的感知器是在 IBM 704 计算机中实现的。第二个版本，即 Mark I 感知器，是用特殊硬件实现的一种可以训练的机器，它可以通过修改神经元之间连接的强度来学习对特定的模式进行分类。数学权重实际上被编码在电位器中，学习过程中权重的变化由电动马达来实现。人们希望该设备可以执行各种模式识别任务；但可惜的是，这已经超出了这样简单模型的极限。事实上，美国麻省理工学院的马文·明斯基和西蒙·派珀特（Seymour Paper，1928—2016）在其 1969 年出版的《感知机》（*Perceptrons*）一书中明确地证明了简单感知器的局限性，并削弱了人们对这一新兴的机器学习领域的兴趣。但是，后来人们清楚地意识到，具有更多层的神经元结构可能具有不可估量的应用价值。

· 人工神经网络（1943 年），机器学习（1959 年），深度学习（1965 年）

感知器的第一个版本是在 IBM 704 计算机上用软件实现的，如图所示。IBM 704 是第一批量生产的可以进行浮点运算的计算机之一。

1957 年

超人类主义

“人工智能的到来可能是人类历史上最重要的事件，”超人类主义哲学家佐尔坦·伊斯特万（Zoltan Istvan）写道，“当然，关键是不要让人工智能在我们的监视外肆意妄为，而要将我们自身电子化、半机器人化，这样，我们就可以随时随地地使用人工智能。”

在 1957 年出版的《新瓶装新酒》（*New Bottles for New Wine*）中，生物学家朱利安·赫胥黎（Julian Huxley，1887—1975）提出了“超人类主义”一词。他认为“人类可以……超越自我……实现人性新的可能性……人类物种将处于一种新的生存状态，它与我们现在的生存方式不同，也与北京猿人的生活方式不一样。它终将自觉地履行它真正的使命。”

哲学家、未来主义者马克斯·莫尔（Max More，1964— ）和其他许多人拥护的现代超人类主义思想，通常涉及使用技术来提高人类的精神和身体能力。也许有一天我们会成为“后人类”，甚至通过基因操纵、机器人技术、纳米技术、计算机或通过将思想上传到虚拟世界而成为长生不老的人——届时，我们将完全理解衰老的生物学基础。我们已经越来越清楚地知道如何使用脑机接口将我们与先进的人工智能联系起来，以扩展自己的认知能力。我们离完全理解衰老的生物学基础越近，我们也就离长生不老越近。

如果你的身体或精神可以无限期地存活，“你”真的会坚持下去吗？我们所有人都会因为经历而改变——这些变化通常是渐进的，这意味着你和一年前的你几乎是同一个人。然而，如果你正常的或者增强后的身体持续存活了一千年，那么你精神上的变化会逐渐积累下来，也许一个完全不同的人最终会居住在你的身体里。这位千岁老人已经不再是原来的“你”，而“你”将不复存在。虽然你没有死亡，但是你的精神会在几千年里逐渐消失，就像沙堡被时间的海洋慢慢冲刷掉。

· 意识磨坊（1714 年），寻找灵魂（1907 年），利克莱德的《人机共生》（1960 年），虚拟人生（1967 年），斯皮尔伯格的《人工智能》（2001 年）

美国科学家和经济学家弗朗西斯·福山（Francis Fukuyama，1952— ）将超人类主义——通常涉及使用技术来提高人类、精神和身体能力——称为世界上最危险的想法。

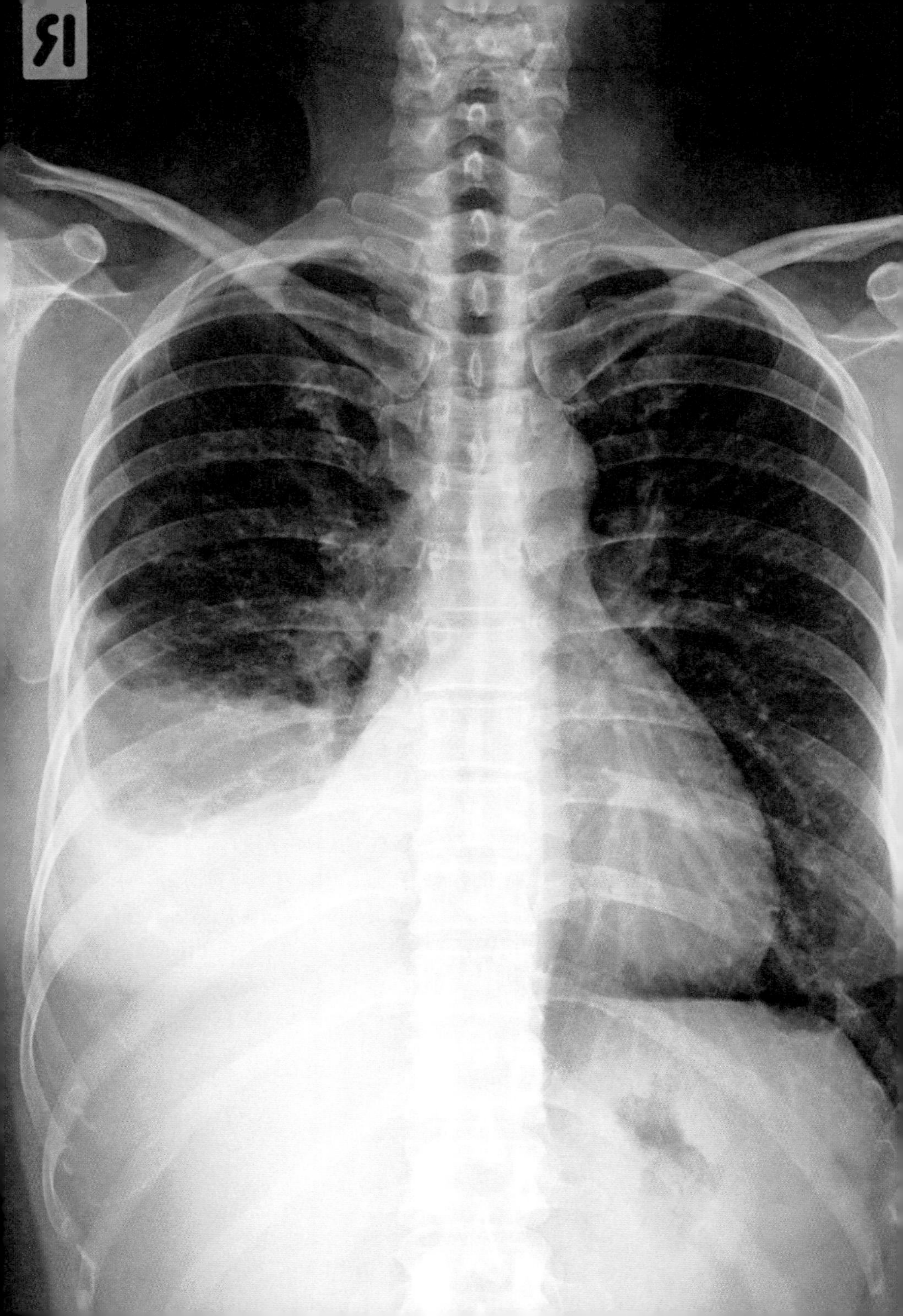

1959 年

机器学习

人工智能专家阿瑟·李·塞缪尔（Arthur Lee Samuel，1901—1990）被认为是最早使用“机器学习”这一术语的人之一。这一术语在其 1959 年发表在《IBM 研究与开发杂志》（*IBM Journal of Research and Development*）上的论文《利用跳棋游戏进行机器学习的一些研究》（Some Studies in Machine Learning Using the Game of Checkers）中被着重强调。在论文中，他解释说，“通过编程让计算机从经验中学习”的方法最终可能会消除机器对明确、特定任务编程和指令的大量需求。

如今，机器学习作为人工智能的主要计算方法和驱动力之一，在计算机视觉、语音理解、自动机器人、自动驾驶汽车、人脸识别、邮件过滤、光学字符识别、产品推荐、疑似癌症识别、数据泄露检测等方面发挥着作用。许多机器学习都需要输入大量的数据用于训练，进而预测和分类。

有监督的机器学习（supervised machine learning），可以利用标记的数据样本进行学习，从而对后续未标记的数据进行预测。例如，假设向系统中输入 10 万张人类正确标记的“狮子”或“老虎”的图像。那么，监督学习算法应该能够将狮子和老虎区分开来。在无监督的机器学习中，通过采用未标记的数据，系统可以发现一些隐藏的模式。例如，无监督学习的系统会判定纽约一位突然停止购买长鳍金枪鱼罐头的 30 岁女性可能是怀孕了，因此，她将会是婴儿用品广告的目标。

需要注意的是，机器学习可能会出错——例如，当输入数据存在偏差、不正确甚至被恶意操纵时。因此，在决定谁有资格获得贷款、工作或在审判前获得假释或保释时，我们应该注意不要过分依赖某些自动化方法。这一原则适用于无数由机器主导的决策领域。

另参见

· 人工神经网络（1943 年），强化学习（1951 年），自然语言处理（1954 年），知识表示和推理（1959 年），深度学习（1965 年），遗传算法（1975 年），群体智能（1986 年），对抗补丁（2018 年）

2017 年，美国斯坦福大学的研究人员开发出了一种机器学习算法，在诊断肺炎方面胜过专业放射科医师。这里展示的是胸部 X 光片，其中右侧有一定的胸腔积液。

1959 年

知识表示和推理 051

计算机科学家尼尔斯·尼尔森写道：“一个系统想要成为智能系统，就必须能够对它自己所处的世界有所了解，并具备从这些了解到的内容中得出结论的能力，或者至少根据它们获取到的这些知识采取行动。因此，无论是蛋白质组成的人类还是基于硅芯片制造的机器，都必须有在内部结构中表示所需知识的方法。”现在，人们对人工智能的关注点似乎大部分都集中在机器学习和图像识别的统计算法上。尽管如此，基于逻辑的知识表示和推理（Knowledge Representation and Reasoning, KR）仍然在许多领域发挥着重要作用（参见“专家系统”）。 101

KR 是人工智能的一个研究领域。它关注信息表示的方式，使得计算机系统可以有效地使用这些信息来进行医疗诊断、提供法律建议，以及增强智能对话系统，如 iPhone 上的 Siri 或亚马逊 Echo 上的 Alexa。例如，语义网络有时被用作 KR 的一种形式来表示概念之间的语义（即意义）关系。这些语义网络通常采用图形的形式，顶点表示概念，边（即连接线）表示它们之间的语义关系。KR 在自动推理中也有应用，包括数学定理的自动证明。

人工智能知识表示和推理的一些早期成果包括 General Problem Solver，这是一个由艾伦·纽厄尔（Allen Newell，1927—1992）、希尔伯特·西蒙（Herbert Simon，1916—2001），和他的同事于1959年开发的计算机程序，它被用于分析目标和解决简单问题（例如，汉诺塔）。后来，道格拉斯·莱纳特（Douglas Lenat，1950—）在 1984 年发起了 Cyclas 项目——他聘请了众多分析师记录各个领域的推理常识，以帮助人工智能系统进行类人推理（例如，循环推理通常采用逻辑演绎和归纳推理）。如今，KR 领域的 AI 研究人员解决了包括确保知识库可以根据需要进行更新在内的许多问题，以便有效地提出新的推论。研究人员还关注如何在 KR 系统中最有效地解决不确定性和模糊性问题。

· 亚里士多德的《工具论》（公元前 350 年），汉诺塔（1883 年），感知器（1957 年），机器学习（1959 年），专家系统（1965 年），模糊逻辑（1965 年）

MYCIN 是一个专家系统，通过使用人工智能来识别引起严重感染的细菌，如引发脑膜炎的细菌，并推荐治疗方法。MYCIN 使用了一个简单的推理引擎，以及大约 600 条规则的知识库。这里展示的是可引起脑膜炎的肺炎链球菌。

1960 年

利克莱德的《人机共生》 052

1960 年，心理学家和计算机科学家约瑟夫·利克莱德（Joseph Licklider，1915—1990）发表了一篇开创性的论文，题为《人机共生》（*Man-Computer Symbiosis*）。他在文章的开头解释了无花果树的共生关系。这种无花果树由一种薜荔榕小蜂[1]授粉，而薜荔榕小蜂的卵和幼虫则从无花果树上获取营养。利克莱德提出，人类和计算机可以形成类似的共生关系。在共生的早期阶段，人类会设定目标并制定假设，计算机则给出初步的方案。他写道，“如果没有计算机的辅助，有些问题根本无法解决。”

利克莱德并没有设想基于计算机的实体可以取代人类，而是更赞同诺伯特·维纳的控制理论，该理论倾向于关注人与机器之间的密切互动。在论文中，他解释说：“希望在于……人类的大脑和计算机将紧密地结合在一起，由此产生的共生关系能让人类大脑以前所未有的方式思考，以如今我们所了解的信息处理机器都无法实现的方式处理数据。”

利克莱德认为“思维中心”将整合传统图书馆的功能，他还指出了自然语言处理对于人机共生的必要性。

在他的文章中，利克莱德承认现在“基于电子或化学的‘机器’只在其所处领域内的大多数功能上超越人类大脑”，并且提供了下国际象棋、解决问题、模式识别和定理证明的例子。他解释说：“计算机将作为统计推断、决策理论或博弈论机器，对建议的行动方案进行初步评估……最后，它将尽可能多地参与诊断、模式匹配和相关性识别……”

大约 60 年后，利克莱德的论文提出的关于人类与人工智能结合的重要问题仍引人深思：当我们与机器的结合比现在更加紧密时，与计算机共生的人是否仍然会被认为是“人类”？这样的人还能离得开计算机吗？

1　薜荔榕小蜂可为无花果授粉，与无花果树共生，这种共同进化关系已发展了至少 8000 万年。——译者注

·《机器中的达尔文》（1863 年），自然语言处理（1954 年），超人类主义（1957 年）

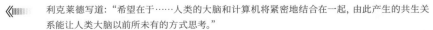

利克莱德写道：“希望在于……人类的大脑和计算机将紧密地结合在一起，由此产生的共生关系能让人类大脑以前所未有的方式思考。”

1964 年

伊丽莎心理治疗师 053

伊丽莎（Eliza）是一个可以响应自然语言输入的计算机程序（如打字），它可以模仿用户与心理治疗师之间的对话。计算机科学家约瑟夫·魏泽鲍姆（Joseph Weizenbaum，1923—2008）于 1964 年研发了该程序，它作为第一个而且最为可信的聊天机器人（即会话模拟器）而闻名于世。事实上，在看到人们在与伊丽莎进行对话时所流露的真情实感及透露的个人信息时，魏泽鲍姆感到震惊且苦恼，因为人们似乎把伊丽莎当作一个拥有共情力的真正的人了。

伊丽莎是以爱尔兰剧作家萧伯纳（George Bernard Shaw）于 1912 年发表的喜
剧《卖花女》（*Pygmalion*）中的伊丽莎·杜利特尔（Eliza Doolittle）所命名的。在 105
戏剧中，亨利·希金斯（Henry Higgins）教一名没有受过教育的女子伊丽莎如何去得体地说话，从而能够更逼真地模仿一位上流社会的女士。与之相似的是，魏泽鲍姆的伊丽莎程序经过编辑，能够针对特定关键词和短语做出回应，给人一种真实的似乎其具有人类同理心的错觉。一些研究人员认为，这个程序确实能够帮助到一些有着某些心理疾病的人们。

在魏泽鲍姆观察人们与伊丽莎互动的过程中，他对人们依赖计算机的程度以及人类被计算机欺骗的方式越来越感到警惕。在 1966 年一篇关于伊丽莎的极具影响力的技术论文中，魏泽鲍姆写道："在人工智能与人类的互动过程中……机器的表现很奇妙，足以令最有经验的观察者眼花缭乱。但是一旦将某个程序的面纱揭开，弄清楚了它的内部运行原理……它的魔力也就土崩瓦解了；它不过就是一系列的程序组合而已……观察者就会暗自心想'其实我自己也能写出这个程序'。有了这种想法，他就可以将这个有问题的程序从标有'智能'的架子上转移到'老古董'的架子上……本文的目的是对这个程序即将被'揭开'的内容进行重新评估。很少有程序需要被解释。"

如今，聊天机器人通常用于对话系统中，用于客户服务以及各种形式的在线虚拟援助和心理健康治疗。聊天机器人也被用于某些玩具，或协助消费者进行在线购物，抑或作为广告代理商向客户进行商品推销。

· 图灵测试（1950 年），自然语言处理（1954 年），偏执狂帕里（1972 年），人工智能伦理（1976 年）

艺术家威廉·布鲁斯·埃利斯·兰肯（William Bruce Ellis Ranken，1881—1941）创作的伊丽莎·杜利特尔的肖像画。伊丽莎这个名字是以杜利特尔小姐的名字命名的，因为杜利特尔小姐可以通过提高语言技巧逼真地模仿一个见识广且受过良好教育的人。

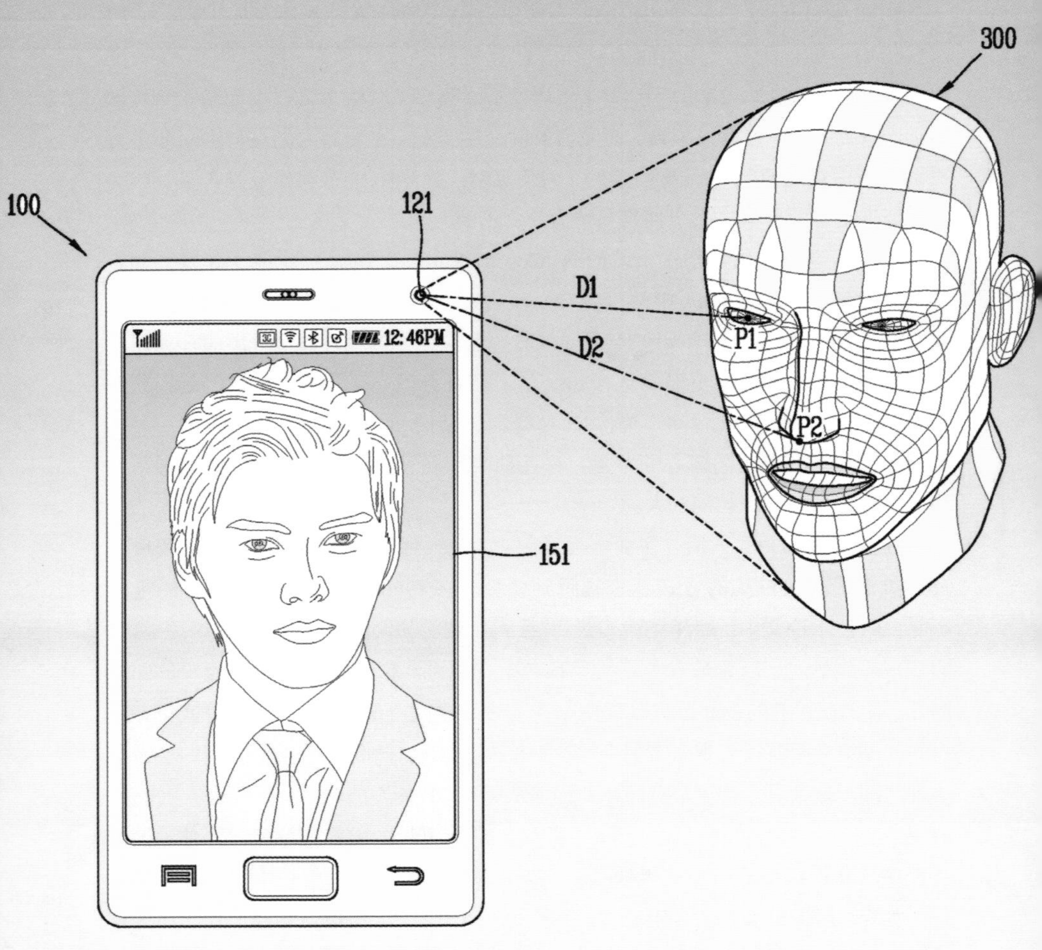

300
100
121
D1
P1
D2
P2
12: 46PM
151

1964 年

人脸识别

054

人脸识别系统试图从图像或视频镜头中识别人脸，通常是将人的面部特征（如眼睛和鼻子的相对位置）与图像数据库进行对比。当照明和视角变化时，一些现代系统使用 3D 传感器来捕捉信息并且增强精确度，而某些智能手机在认证过程中使用红外线来照亮用户的脸部。不过，当人们戴着帽子或太阳镜等配饰，甚至化妆时，精确的面部识别还存在许多困难，但是如今，在某些情况下，算法在识别人脸方面的能力胜过人类。人脸识别“技术”的起源可以追溯到 19 世纪的英格兰。在 1852 年，一套定期监狱拍照系统作为一种比打烙印更为人性化的方法，被引入警察部门，用于跟踪囚犯，同时在囚犯逃跑时将信息分享给其他警察部门。数学家、计算机科学家伍迪·布莱索（Woody Bledsoe，1921—1995）是更先进的人脸识别研究的先驱者之一，他在 1964 年从事过早期人脸识别的研究工作。当时他指出，由于头部旋转和倾斜度、光线、面部表情、年龄等因素，人脸识别任务特别困难。布莱索和其他早期研究人员倾向于使用有效的人机协作方法，比如人类使用图形输入工具（例如，绘图板）从照片中手动提取图像面部坐标。

这些年来，人脸识别系统已经采用了多种多样的技术，包括特征脸、隐马尔可夫模型和动态链接匹配。正如技术专家杰西·戴维斯·韦斯特（Jesse Davis West）所述，人脸识别如今有几个重要的应用：“执法机构正在利用人脸识别技术来维护社区安全；零售商用它来预防犯罪和暴力；机场使用这项技术提高旅行的便利性和安全性；手机公司正在使用人脸识别技术为消费者提供新的生物识别安全防护。”尽管如此，人们不免会思考，当我们无法再自如地出入公共场合并拥有隐私的时候，这是否标志着人类文明史中一个令人担忧的转折点？

另参见 · 光学字符识别（1913 年），语音识别（1952 年），机器人 AIBO（1999 年）

图片来自编号为 9703939 的美国专利，它展示了使用手机摄像头和人脸识别安全解锁（访问）手机的方法。

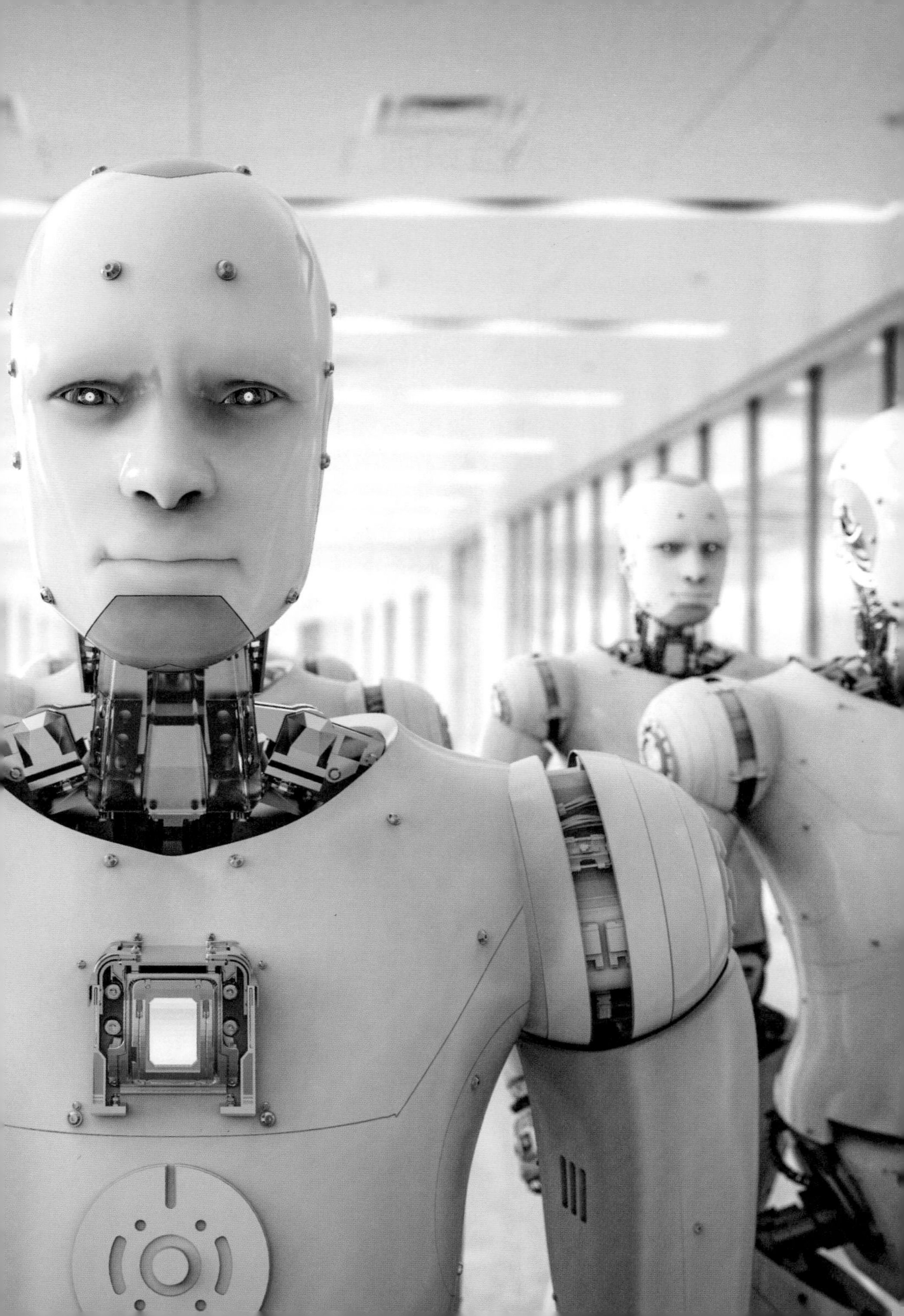

1965 年

智能爆炸 055

1965 年，曾以密码学家身份与计算机科学家艾伦·图灵一起工作过的英国数学家欧文·J. 古德 (Irving J. Good，1916—2009)，在一篇名为《关于第一台超智能机器的推测》(*Speculations Concerning the First Ultraintelligent Machine*) 的论文中表达了对潜在的超人类“智能爆炸”(intelligence explosion) 的关注：“将超智能机器定义为一种能够远超人类所有智力活动的机器。因为机器的设计是这些智力活动的一种，所以一台超智能机器可以设计出更好的机器；毫无疑问‘智能爆炸’会因此而出现，而人类的智慧将被远远抛在后面。因此，第一台超智能机器是人类最不需要的一项发明，除非机器足够温顺，并能告诉我们如何控制它。”

换句话说，如果人类建立了AGI (即不局限于某一特定领域知识和能力的通用人工智能，Artificial General Intelligence)，那么它可能会利用自身的编程能力进行自我改进，从而可以不断地重新设计其硬件和软件。例如，或许这样的 AGI 可以使用神经网络和进化算法来构建数百个不同的模块，而这些模块之间又相互通信协作，从而提高复杂性、速度和效率。对有潜在危险的 AI 进行限制，或者将其与互联网的其他部分隔离，或许都不可行。即便在编程时使用有益的目标和任务，例如生产更好的灯泡，但如果 AI 决定将整个北美大陆变成一个灯泡制造厂，会有什么样的后果?

当然，这种超级智能不太可能发生的原因有很多，例如它需要依赖效率较低的人类和硬件网络。另一方面，智能爆炸也有可能使人类在治疗疾病和解决环境问题中获益。但是超级智能武器会对社会产生什么影响呢? 甚至如果人工智能伴侣能表现出比人类配偶更强大的智力和同理心，这又会产生怎样深远的影响呢?

·《机器中的达尔文》(1863 年)，致命的军事机器人 (1942 年)，《人有人的用处》(1950 年)，防漏的“人工智能盒子”(1993 年)，回形针最大化灾难 (2003 年)，《请叫他们人造外星人》(2015 年)

1965 年，欧文·J. 古德对潜在的超级“智能爆炸”表示担忧，在这其中 AI 设计出了越来越好的自己。

1965 年

专家系统

据记者卢克·多梅尔所说，人工智能“专家系统”正在“试图提取人类专家的专业知识并将其转化为一套概率规则……以此来创建他们的克隆体”。在最好的状态下，专家系统原则上可以用来将胃肠病学家、财务顾问或律师的专业知识塞进计算机中，最终让人工智能系统为所有人提供有用的建议。

20 世纪 60 年代，人们开始对专家系统进行研究，它包含了知识库（含事实和规则的陈述）和推理引擎（应用规则和执行评估）。其中的规则可能是“如果……那么……”的形式，例如，“如果有特定症状的患者表现出特定症状，那么他 / 她就可能发生某种特定情况。”

专家系统的应用范围可以包括诊断、预测、规划、分类以及其他涉及专业领域知识的相关领域，其范围从医药学到评估保险风险，甚至到矿物勘探的潜在位置。一些有用的专家系统通常还有可提供解释的推理引擎，以便用户可以理解其推理链。Dendral（树突算法 Dendritic Algorithm 的简称）是早期专家系统的一个著名的例子。斯坦福大学于 1965 年开始这一项目，旨在帮助化学家根据质谱信息来识别未知的有机分子。另一个著名的早期专家系统的例子是 MYCIN，这是斯坦福大学在 20 世纪 70 年代开发的一个人工智能系统，用于帮助诊断细菌感染疾病并推荐抗生素和药物剂量。早期的专家系统通常用 LISP 语言或 Prolog 语言来进行编程。

专家系统的挑战之一涉及从该领域内工作繁忙的人类专家或其书籍、论文中获取知识并加以编纂。同时，将知识组织成人类专家认可的事实和规则集合，以及应用各种数字权重（表示可能性或重要性）也是一项挑战。如今，许多人使用“推荐系统”（一个人工智能的相关领域），该系统更侧重于预测用户在电影、书籍、金融服务和潜在婚姻伴侣等方面的偏好。

·《人有人的用处》（1950 年），知识表示与推理（1959 年），深度学习（1965 年）

人工智能专家系统通常是通过提取人类专家的专业知识而创建的，在这幅图中专家规则用闪烁的灯泡艺术化地表示了出来。专家信息被转换为一组概率性的规则。

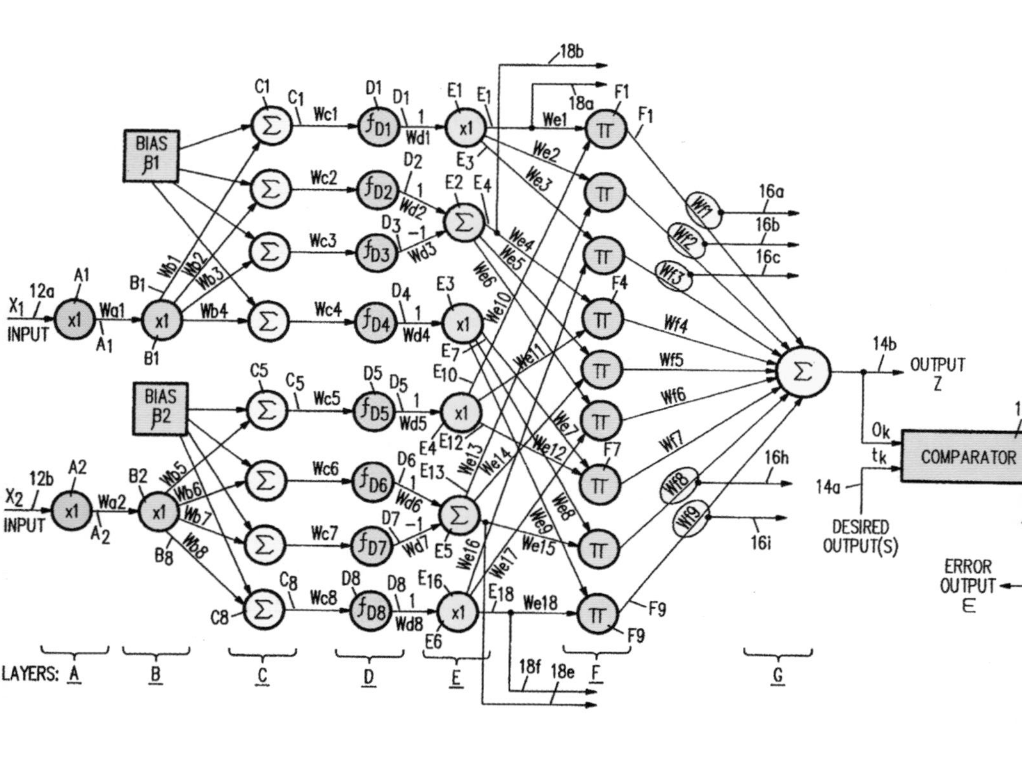

1965 年

模糊逻辑 057

科学家雅各比·卡特（Jacoby Carter）担心："模糊集合理论已经应用于专家系统、火车和电梯的控制设备等商业场景中了。它还能与神经网络结合，控制半导体的制造。通过在生产系统中将模糊逻辑和模糊集合相结合，许多人工智能系统已经取得了显著的改进。这种方法在处理模糊数据集或者规则不完全已知的任务时特别成功。"

模糊集合理论是由数学家和计算机科学家罗特夫·扎德（Lotfi Zadeh，1921—
2017）在 1965 年引入的。该理论主要聚焦于具有隶属度的集合成员。他在 1973 年 113
提供了模糊逻辑（Fuzzy Logic）的细节。经典的二值逻辑关注的是或真或假的条件，而模糊逻辑允许连续的真值范围。

模糊逻辑具有广泛的实际应用范围。例如，我们可以考虑一下设备的温度监控系统。一个隶属函数可能有冷、温和热的概念，但一次测量却可能包含"不冷""稍温"和"稍热"三个值。扎德认为，如果可以利用不精确且具有干扰性的输入来对反馈控制器进行编程，那么模糊逻辑就可以更高效、更容易地实现其功能。

模糊逻辑历史上的一个重要事件发生在 1974 年，当时伦敦大学的埃布拉希姆·曼丹（Ebrahim Mamdanl，1942—2010）用它来控制蒸汽机。1980 年，模糊逻辑被用来控制水泥窑。各种日本公司都使用模糊逻辑，如用来控制水的净化过程和铁路系统。模糊逻辑也被用于控制钢厂、自动调焦相机、洗衣机、发酵工艺、汽车发动机控制系统、防抱死制动系统、彩色胶片冲洗系统、玻璃加工、金融交易中使用的计算机程序，以及用于识别书面语和口语之间细微差别的系统。

· 亚里士多德的《工具论》（约公元前 350 年），布尔代数（1854 年），专家系统（1965 年）

图片来自编号为 5579439 的美国专利，它提供了用于工厂控制系统中的智能控制器的模糊逻辑设计。该设计包括用于生成模糊逻辑规则和隶属函数数据的人工神经网络。"学习机制神经网络的模糊化层可以由神经元的 A、B、C、D 四层构成。"

1965 年

深度学习

人工智能的定义涵盖了机器能够模仿人类大脑的方法。机器学习是人工智能的一种形式，它使机器能够通过实践和经验来改进某项任务。深度学习（Deep Learning）是一种机器学习形式，它可以使系统通过进行自我训练来执行任务，比如使用具有多个人工神经元单元中间层的深度神经网络（Deep Neural Nets，DNN）来玩电子游戏或识别照片中的猫，而相比之下，浅层网络只使用寥寥了几层。虽然“深度学习”这个词直到 1986 年才被提出，但早在 1965 年，苏联数学家亚历克赛·伊瓦克辛科（Alexey Ivakhnenko，1913—2007）就以有监督的深度多层感知器的形式开展了一些早期工作。

一般而言，多层神经元可以在不同级别的层次结构中对数据执行特征进行提取（例如，一层对简单边缘做出响应而另一层对面部特征做出响应）。这一功能使用了反向传播（backpropagation），在该过程中，系统可以从输出到输入反向传递信息，以便在系统出错时指导系统来完善结果。

深度学习已成功应用于语音识别、计算机视觉、自然语言处理、社交网络、人类语言翻译、药物设计、特定时期画作的识别、产品推荐、不同营销活动的价值评估、图像恢复和清洗、玩游戏、照片中的人物识别等多种场合。

技术专家杰里米·费恩（Jeremy Fain）写道：“最终，深度学习使得机器学习上了一个新台阶。尽管机器学习在自动化重复任务或数据分析方面取得了一些成功，但它现在正以能够看、听，以及玩所有类型游戏的计算机的形式，将未来科技带入现实生活。”

· 人工神经网络（1943 年），强化学习（1951 年），感知器（1957 年），机器学习（1959 年），计算机艺术和 DeepDream（2015 年），对抗补丁（2018 年）

深度神经网络（DNN）包含多个人工神经元单元的中间层（例如，从几层到几十层），这增加了深度神经网络的学习能力。深度神经网络构成了深度学习者所依赖的“架构”。

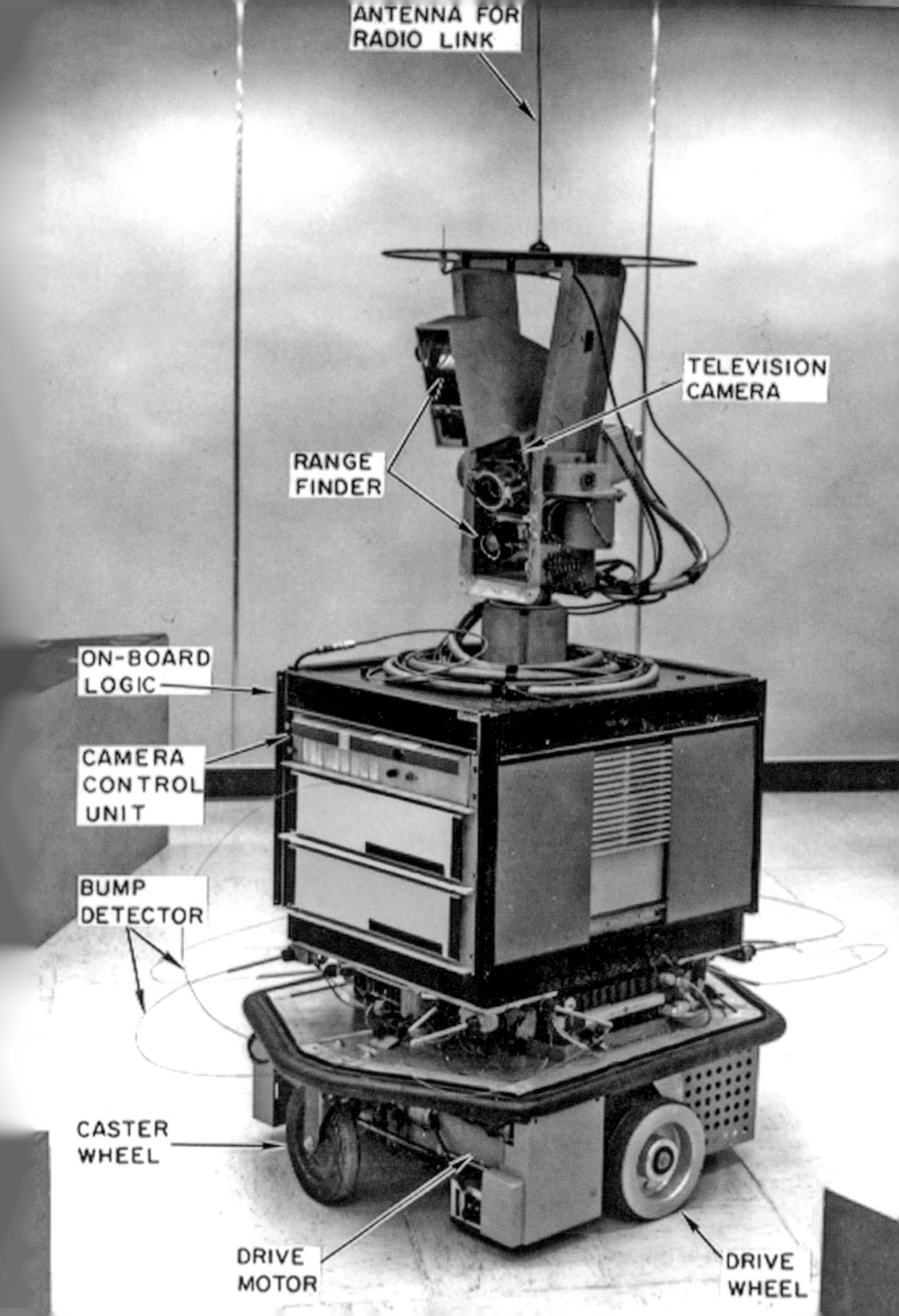
ANTENNA FOR
RADIO LINK
TELEVISION
CAMERA
RANGE
FINDER
ON-BOARD
LOGIC
CAMERA
CONTROL
UNIT
BUMP
DETECTOR
CASTER
WHEEL
DRIVE
MOTOR
DRIVE
WHEEL

1966 年

机器人沙基 059

1970 年，《生活》（*Life*）杂志称沙基（Shakey）为世界上“第一个电子人”。它可以无须来自地球的信号在月球上待好几个月。尽管关于这个奇妙的机器人的报道稍显夸张，但在模式识别、计算机视觉、问题解决、自然语言处理和信息表示等领域中，沙基是一个重要的里程碑。

1966—1972 年，美国斯坦福研究所研发了沙基，这是通用自动机器人研发过程中最早、最认真的尝试之一，该机器人可以四处走动，感知其周围环境，监控自身计划的执行，并预测下一步的行动。该项目由美国国防高级研究计划局（DARPA） 117
资助，主要使用 LISP 语言进行编程。为了让机器人很好地运行，它的活动空间被限制在几个通过走廊连接起来的房间里，房间内还有门、灯的开关和可推动的物体。当操作员输入诸如“将障碍物推离平台”的命令时，沙基就去尝试寻找并识别平台，然后把一个活动坡道推到平台前并抬高，最后将障碍物推离平台。

沙基依赖于多种级别的程序。例如，初级程序使用常规方法来进行路线规划、电机控制和捕捉感官信息，而中级程序则涉及移动到指定位置并处理来自自身摄像头的图像，高级程序则是为了实现目标而进行任务规划并执行一系列动作。

不足为奇的是，机器人沙基得名于它在行驶时的剧烈晃动。沙基带有一根用于与 DEC PDP[1] 计算机进行无线电和视频连接的天线，还装有摄像头、测距仪、碰撞传感器和转向电机。沙基的开发促成了人工智能的重要研究，包括用于导航的搜索算法及计算机视觉中的特征提取方法。

1 PDP，是 DEC 公司生产的小型机系列的代号。PDP 是“Programmed Data Processor”（程序数据处理机）的首字母缩写。

· 自然语言处理（1954 年），积木世界（1971 年），机器人 AIBO（1999 年），ASIMO 和朋友们（2000 年），火星上的人工智能（2015 年）

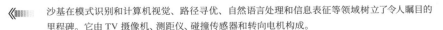

沙基在模式识别和计算机视觉、路径寻优、自然语言处理和信息表征等领域树立了令人瞩目的里程碑。它由 TV 摄像机、测距仪、碰撞传感器和转向电机构成。

456t
783 7785655434
76590-3245
7-875/6453
fas

虚拟人生

“我们的宇宙看起来很真实，但确实如此吗？”作家詹森·科布勒（Jason Koebler）写道，“随着人工智能的发展，我们似乎可以创造出有意识的生命。如果我们能创造有意识的生命，谁能说我们所熟知的宇宙不是由超智能的人工智能创造的呢……”

我们自己能否生活在计算机模拟的人工智能环境里呢？1967 年德国工程师康拉德·祖斯（Konrad Zuse，1910—1995）提出了宇宙是一台数字计算机的假设。其他的研究人员，包括埃德·弗雷德金（Ed Fredkin，1934— ），斯蒂芬·沃尔弗拉姆（Stephen Wolfram，1959— ）和马克斯·泰格马克（Max Tegmark，1967— ），都认为物质世界可能是在元胞自动机或离散计算机上运行的，或者其只是一个纯粹的数学结构而已。

在我们自己的小宇宙中，我们已经开发出了能使用软件和数学规则来模拟真实行为的计算机。总有一天，我们会创造出有思维的生物，让它们生活在像热带雨林一样复杂却又充满活力的模拟空间中。如果我们能够模拟现实，那么更高级的生物可能已经在宇宙的其他地方实现了这一点。

假如这些模拟空间的数量大于宇宙的数量会怎样？天体物理学家马丁·里斯（Martin Rees，1942— ）认为，果真如此的话，“……如果一个宇宙中果真有许多计算机在进行模拟，那么我们很可能就是人造生命。”里斯继续说道：“一旦你接受了多元宇宙的概念（某些宇宙可能在模拟它们自己的某些部分），那么我们就无法得知我们在宏观宇宙和模拟宇宙中处于什么位置。”

物理学家保罗·戴维斯（Paul Davies，1946— ）在 2003 年《纽约时报》（*New York Times*）的一篇文章中以多元模拟世界的视角拓宽了多元宇宙的概念：“最终，计算机内部将会创建整个虚拟世界，其中有意识的居民无从得知他们是否是其他技术的模拟产物。每个原始世界都将会拥有大量的虚拟世界——其中一些虚拟世界甚至还拥有进一步模拟虚拟世界的机器……”

· 意识磨坊（1714 年），寻找灵魂（1907 年），人工生命（1986 年），《请叫他们人造外星人》（2015 年）

随着计算机变得越来越强大，也许有一天我们将能够模拟完整的世界：包括虚拟的和真实的世界，还有现实本身。有可能更先进的生物早已在宇宙中的某个地方做到了这一点。

1968 年

《控制论的意外发现》

1968 年发生于伦敦当代艺术中心的“控制论的意外发现：计算机与艺术”（Cybernetic Serendipity：The Computers and the Arts）展览极负盛名（后来在华盛顿特区和旧金山举办），与之同名的还有一本具有开创性意义的图书。这本书由英国艺术评论家贾西娅·赖卡特（Jasia Reichardt，1933— ）编辑和策划，该书以及同期的展览都是以展示计算机在众多方面的辅助性创造力而闻名。这场在伦敦举办的展览涵盖音乐、诗歌、故事、舞蹈、动画和雕塑，激发了一代艺术家、科学家和工程师开展实验性合作。

1948 年，美国数学家和哲学家诺伯特·维纳（Norbert Wiener，1894—1964）将控制论（cybernetics）定义为“关于在动物和机器中控制和通信的科学”；如今，该术语的含义更为广泛，包括使用电子设备等技术控制各种系统。其中 Serendipity 意为“意外发现珍奇的才能”。

由于艺术家、作曲家、诗人和计算机程序员合力创作，《控制论的意外发现》提出了关于艺术和偶然性本质的问题。这本书中最令人兴奋的部分是由计算机生成的优美的日本俳句，以及生成诗歌的算法。例如，有一首让人萦绕心头的诗的开头是这样的：“我把所有的时间都画在冰层深处的一个漩涡里……”另一部分涉及了“小灰兔式故事”的生成，这些故事都是由计算机使用简单规则构建的。一个典型的这种故事可能是这样开头的：“太阳照在树林里。微风轻柔地飘过田野，云儿整个下午都平静地飘在空中……小灰兔吵闹地跑着……”

除诗歌和故事外，《控制论的意外发现》还展示了绘画机器以及一系列计算机艺术，它们是用机械计算机绘图仪或阴极射线管（CRT）显示器创作出来的。这也激发了人们对算法和生成式艺术这一新兴领域的兴趣。这本书还包括由纽约市的天际线或墨水飞溅的痕迹生成的乐谱、各种形式的电子音乐机器、计算机编的舞蹈、靠声音激活的手机，钟摆式绘图机、谐波记录仪、建筑作品、伪蒙德里安派绘画，等等。

另参见

· 拉蒙·勒尔的《伟大的艺术》（约 1305 年），拉加多写书装置（1726 年），计算创造力（1821 年），计算机艺术和 DeepDream（2015 年）

《控制论的意外发现》以展示计算机在视觉艺术、音乐和诗歌方面的辅助创作而闻名。该书还介绍了在机械计算机绘图仪上进行的简单计算机设计，激发了艺术家们对算法艺术的兴趣。

1968 年

哈尔 9000

“我的职责范围涵盖了整个飞船的运作，因此我一直都很忙，”1968 年的著名电影《2001：太空漫游》（*2001: A Space Odyssey*）中的虚构人工智能哈尔 9000（HAL 9000）解释道，“我尽可能充分发挥自己的能力，而且我认为这是任何有意识的实体都希望做到的。”不幸的是，对于船员来说，哈尔后来成了一个必须被终止的杀手。

哈尔之所以重要，部分原因在于许多著名的人工智能研究人员表示，他们在观看电影后得到启发去探索人工智能领域。该电影的剧本由斯坦利·库布里克（Stanley Kubrick，1928—1999）和阿瑟·C. 克拉克撰写。有趣的是，哈尔拥有我们如今所期望的未来通用人工智能的许多功能，而这些功能可以在各种目标下和环境中智能地运作。这种有感知的机器能够进行计算机视觉、人脸识别、语音输出、语音识别、自然语言处理、国际象棋游戏以及其他各种形式的高级推理、高级规划及高级寻优。哈尔甚至能读懂唇语、欣赏艺术、展示情感、努力保护自我以及解读人类情感。

这部电影在 20 世纪 60 年代上映时，专家就预测，到 2001 年，像哈尔这样的人工智能就可能出现了。尽管人工智能专家马文·明斯基是这部电影的顾问，但显然，如今我们需要更多的时间来将电影中关于人工智能的想象变为现实。

在电影中有令人难以忘怀的一幕。在哈尔变得危险并且必须被禁用之后，一名宇航员慢慢移除计算机模块，同时哈尔不断降级并慢慢地吟唱。也许哈尔给如今的我们的教训就是：我们可能没有完全意识到从出生到死亡持续使用人工智能的影响。由于这些实体变得更加强大，而我们又不断依赖它们进行无数种决策，所以我们应该明智地去考虑未来通用人工智能的利弊。

· 自然语言处理（1954 年），《巨人：福宾计划》（1970 年），《终结者》（1984 年）

艺术家渲染后的《2001：太空漫游》中著名的哈尔 9000 的红外线摄像头。

1970 年

珠玑妙算 063

珠玑妙算（Mastermind®）是一款多彩的解码类棋盘游戏，几十年来它一直都是人工智能热衷研究的主题。该游戏于 1970 年由以色列邮政局局长和电信专家莫迪凯·迈罗维茨（Mordecai Meirowitz，1930— ）发明，但它最初被所有主流游戏公司拒绝发行。不过，后来这款游戏的销量超过了 5000 万份，使它一跃成为 20 世纪 70 年代最成功的游戏。

在玩这款游戏时，编码者需要从 6 种不同颜色的彩色钉子中选择 4 种颜色组成一个序列。对手必须猜测编码者的秘密序列，而且猜测次数要尽可能少。对手每一次都要对 4 个彩色钉的排序进行猜测。编码者会提示有多少个钉子的颜色和位置是正确的，还有多少个是颜色正确但位置错误。例如，秘密序列是绿—白—蓝—红，猜测者可能猜的是橙—黄—蓝—白。在这种情况下，编码者会告诉玩家有 1 个钉子的位置和颜色都是正确的，有 1 个钉子颜色正确但位置错误，不会提到具体是什么颜色。在游戏继续进行的过程中，玩家会进行多次猜测。假设有 6 种颜色和 4 种位置，那么编码者会从 6 的 4 次方种（或 1206 种）可能的组合中进行选择。

1977 年，美国计算机科学家高纳德·克努特（Donald Knuth，1938— ）提出了一种策略，能使玩家在 5 次内猜出正确的编码。这是目前已知的第一个解决珠玑妙算问题的算法，之后许多论文也应运而生。1993 年，高山健（Kenji Koyama）和托尼·W. 赖（Tony W. Lai）又发布了一个策略——即使在最坏的情况下也最多只需要 6 次猜测，而且平均猜测次数仅为 4.340 次。1996 年，陈志祥（Zhixiang Chen）及其同事将以前的结果推广到了一般情况，如 n 种颜色和 m 种位置的一般情况。

在进化生物学的启发下，人们也曾多次使用遗传算法对珠玑妙算进行研究。2017 年，来自中国台湾亚洲大学的研究员们通过采用人工智能强化学习策略，实现了 4.294 次的平均猜测次数。

· 井字棋（约公元前 1300 年），强化学习（1951 年），遗传算法（1975 年），四子棋（1988 年），AlphaGo 夺冠（2016 年）

珠玑妙算游戏板。这块板放置彩色钉子的地方是“解码”区域。彩色钉子的初始秘密序列将放在左侧，由一个盖子遮住。底部较小的钉子显示猜测的正确性。

This is the Dawning of the Age of

Colossus

The Forbin Project

WIDESCREEN

1970 年

《巨人：福宾计划》

想象这么一幕：早上刚一醒来，你就听到了合成的、机器人的声音。这是 1970 年的电影《巨人：福宾计划》（*Colossus: The Forbin Project*）中的一个人工智能系统，它还是一种先进的且具有感知力的武器防御系统。在影片中，巨人进行了一次全球广播，并以一句不祥的话开始了它的演讲："这是来自世界操控者的声音。"巨人稍后解释道，如果人类不抵抗并认同其绝对权威，那么它将带来和平与繁荣，并解决饥荒、人口过剩、战争和疾病等问题。但是如果人类选择与它作斗争的话，那么人类将被毁灭。它又说，它将会把自己备份到更多致力于更广泛的真理和知识领域的机器中。最后，巨人意识到人类会抱怨他们失去了自由。但它指出，被巨人支配总比"被其他物种支配"要好。

巨人位于深山之中，它的目的是控制美国及其盟国的核武器。它不可被篡改，而且它声明，任何禁用它的企图都会导致它对人类进行核报复。

这部电影由约瑟夫·萨金特（Joseph Sargent，1925—2014）执导，改编自英国作家、"二战"海军指挥官丹尼斯·琼斯（Dennis Jones，1917—1981）的科幻小说。萨金特的技术顾问在一定程度上受到了北美航空防务司令部（NORAD）的启发，该司令部为美国和加拿大提供航空航天预警和保护。在影片的拍摄过程中，康大资讯公司（Control Data Corporation）借用了各种外观令人印象深刻的计算机设备给摄制组，为电影提供了一种额外的真实感。

巨人会伤害人类吗？如果计算机系统真的能够帮助人类解决问题，那么你会把更多的控制权交给它吗？如果它能让世界更安全，而不是像目前将核毁灭权交给一小撮人来判断，这些人可能会受情绪、阿兹海默早期症状或其他无效思维的影响，你会将控制权交给计算机吗？这个问题至今悬而未决。

· 致命的军事机器人（1942 年），智能爆炸（1965 年），哈尔 9000（1968 年），防漏的"人工智能盒子"（1993 年）

电影《巨人：福宾计划》中的巨人，是一种先进的且有感知力的武器防御系统。人工智能系统告诉它的创造者："随着时间的推移，你不仅会尊重我，敬畏我，而且会爱上我。"

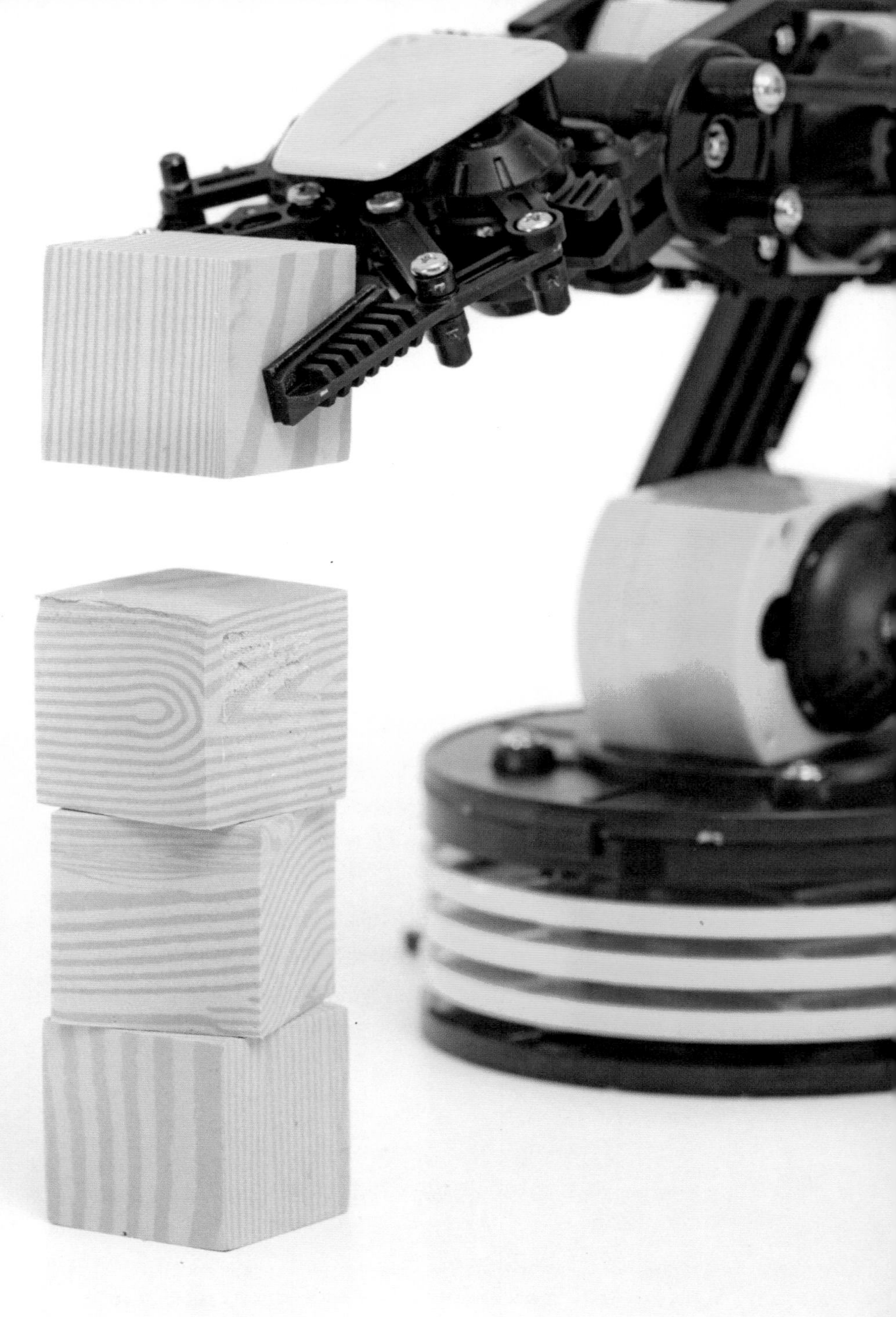

1971 年

积木世界

想象一下，你生活在一个由彩色物体组成，像金字塔和立方体一样简单并可以随意移动的宇宙中。这就是积木世界（SHRDLU），它是 1971 年由计算机科学家特里·威诺格拉德（Terry Wingrad）研发的。积木世界程序将自然语言的命令转化为实际动作，如“请将两个红色方块和一个绿色立方体或角锥体堆叠起来好吗?”或“找到一个比你手里拿着的那个还高的角锥体，并把它放进盒子里”。人们也可以问一些相关的历史问题（例如，“你在拿起那个立方体之前有没有拿起过别的东西?”）。积木世界使用 LISP 语言编程，并使用简单的图形输出来显示虚拟机器臂操纵的模拟世界。

1971 年，威诺格拉德在关于积木世界的博士论文的序言中写道：“如今计算机正被用来接管我们的许多工作……并进行日常办公……但是当我们告诉计算机该做什么时，它们就像暴君一样，表现得好像它们连一个简单的英语句子都无法理解。”积木世界这个名字来源于“etoain shrdlu”，这是英语中最常用的 12 个字母的使用频率顺序。为了执行命令，程序需要有解析语言并处理语义的子系统，而这些子系统会进行逻辑演绎。同时它有一个程序问题解决器，可以确定如何执行命令，并且可以监控积木世界，了解物体的相对位置。

当时，积木世界被认为是自然语言处理领域的一项重大成就。它甚至有着简单的记忆：如果你告诉它移动红球，然后当你再提到球的时候，它可能会认为你指的是红球。它也知道什么事情是切实可行的。例如，它“明白”在把新物体堆叠在顶部之前，必须先把顶部清理出来。不过，尽管积木世界的操作非常自然，但它的局限性在于它无法从错误中吸取教训。

· 自然语言处理（1954 年），专家系统（1965 年），机器人沙基（1966 年）

积木世界是一个计算机程序，它可以响应自然语言命令，在虚拟世界中移动虚拟对象，如障碍物。今天，机械臂（在现实世界中）通常是可编程的，并用于生产线和拆除炸弹。

1972 年

偏执狂帕里

066

人工智能科学家约里克·威尔克斯（Yorick Wilks）和罗伯塔·卡蒂佐内（Roberta Catizone）在 1999 年写道："人机对话系统自 1973 年左右在阿帕网[1]上发布以来，我们几乎可以肯定的是，科尔比的帕里计划（Colby's PARRY Program）是表现最好的。它很耐用，从来没有崩溃过，而且总是会有回应。除此之外，因为它的目的是模拟偏执行为，它的荒唐行为总是可用作诊断心理障碍的证据……"

1972 年，精神病学家肯尼思·科尔比（Kenneth Colby，1920—2001）开发了帕里（PARRY），这是一个旨在模仿偏执型精神分裂症患者的计算机程序。更确切地说，帕里是为了测试偏执思维理论而开发的。而人工智能似乎对偏执狂群体有错觉，它的一种知识表征包括自我怀疑和对某些测试问题的自我保护（患有偏执型精神分裂症的人对别人的动机总是持有高度怀疑）。科尔比希望帕里可以用来教学生，他还相信偏执狂患者的话语具有看不见的有组织的规则结构，计算机可以学习这些规则，并将其用于研究和治疗患者。

帕里通过为各种对话输入分配权重来处理对话。有意思的是，通过文本来与帕里进行交流的精神病医生根本没有意识到他们正在访问一个计算机程序。他们也无法识别哪些"患者"是人类，哪些是计算机程序。也许帕里已经快要通过图灵测试了，至少是在一个特殊的环境中（即与一个不理智的模拟人进行互动）。帕里也可以在阿帕网上使用，它参与了超过 100 000 次会谈，这其中就包括与伊丽莎心理治疗师的会谈。

1989 年，科尔比成立了一家名为马里布（Malibu）人工智能工厂的公司，且该公司推出了抑郁症的治疗程序。该程序将由美国海军和退伍军人事务部使用，无须咨询训练有素的精神科医生，就可以直接分发给需要使用它的人，但此举引发了争议。科尔比告诉一位持怀疑态度的记者说，他的抑郁症计划可能比人类治疗师的更好，因为"毕竟，计算机不会瞧不起你，或试图与你发生性关系"。

1 阿帕网（Arpanet）为美国国防部高级研究计划署开发的世界上第一个运营的封包交换网络，它是全球互联网的始祖。——译者注

· 图灵测试（1950 年），伊丽莎心理治疗师（1964 年），人工智能伦理（1976 年）

帕里对于黑手党、黑赌场、赛马和赌博、债务惩罚及警方与黑手党的勾结都很有偏执的看法。

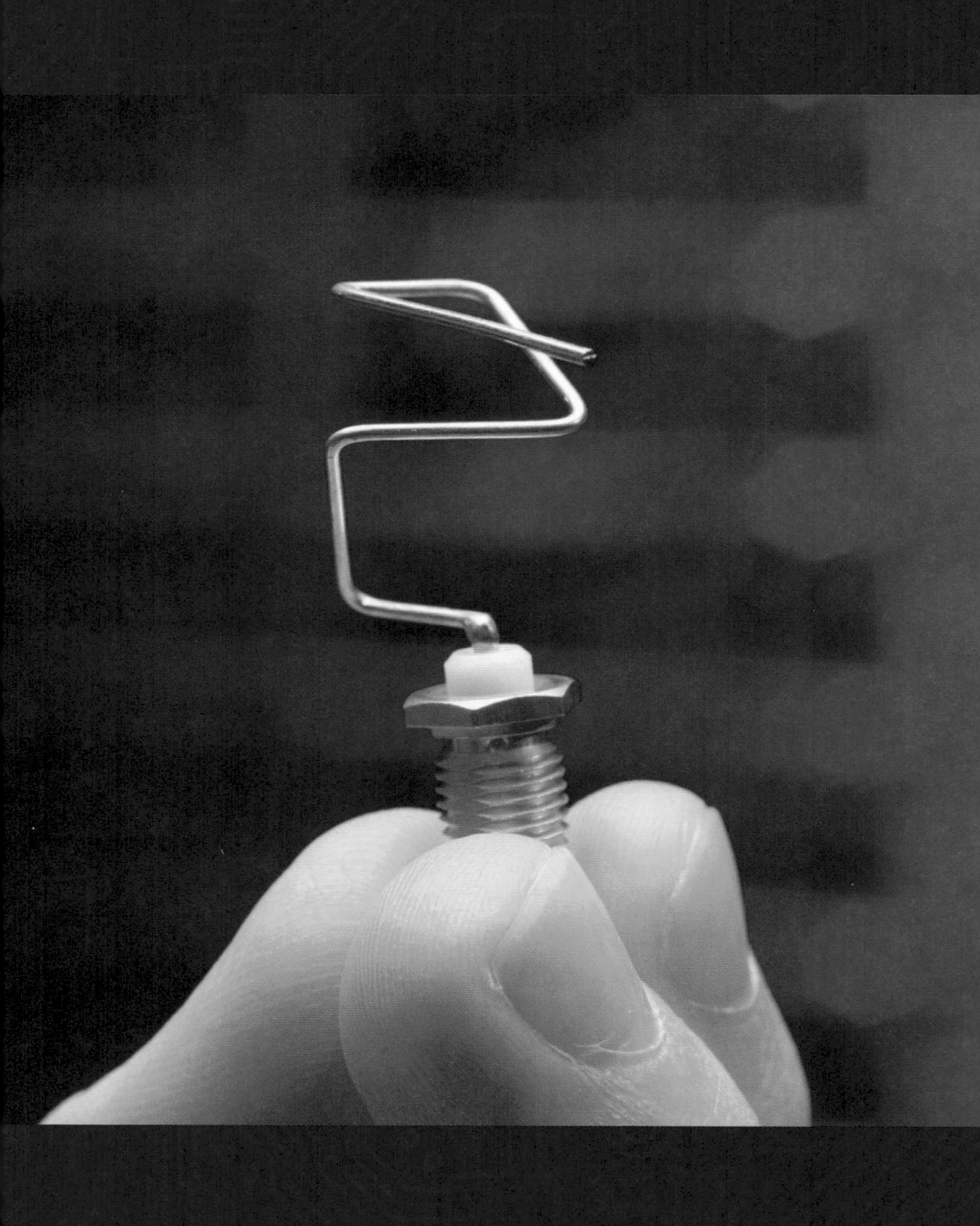

1975 年

遗传算法

“在人造生命和人工智能中，遗传算法(Genetic Algorithm, GA)是一个重要的概念，”哲学家杰克·科普兰(Jack Copeland)写道，“遗传算法采用了类似于自然进化过程的方法，以产生越来越适合预期目标的连续几代软件群体。”

科学家约翰·霍兰(John Holland，1929—2015)在1975年出版了《自然与人工系统适应》(*Natural and Artificial Systems*)这一著作。他在书中开发并推广了遗传算法。该方法可以通过选择、变异和交叉(重组)等生物启发方法来解决现实问题。有了遗传算法，人类就不用直接编写解决方案；相反，解决方案是通过模拟竞争、改进和进化而产生的。

这些算法通常以初始集、人口数、随机解或候选程序开始。一个适应度函数(fitness function)为每个程序分配一个适应度值，以指示程序执行所需任务或达到要实现的结果。在一代又一代的进化过程中，每个被评估的候选对象都有一组属性，而这些属性可以随着时间而突变/变化。

科学家们发现，遗传算法有用，但其输出很难理解。据美国宇航局前工程师詹森·罗恩(Jason Lohn)所说，这种算法的高效性增加了它们的理解难度：“如果我使用进化算法来优化天线，那么我只有50%的机会去准确地解释它为什么做出了那样的选择。其余的情况下，这些设计对我们来说根本无法理解。它确实有用——并且作为工程师，我们最终关心的是怎样让方法奏效。”

不幸的是，遗传算法可能会被“困在”一个相对合理的解决方案(局部最优)中，而找不到最佳解决方案(全局最优)。然而，当遗传算法被应用于天线设计、蛋白质工程、车辆路线和调度、电路设计、装配线调度、药理学、艺术和其他领域时，它们已取得了显著的成功，而且这些领域可以从搜索大量解决方案中获益。在电影《指环王：王者归来》(*The Lord of the Rings: The Return of the King*)中，遗传算法甚至被用来制作逼真的动画马。

· 计算创造力(1821 年)，机器学习(1959 年)，珠玑妙算(1970 年)，人工生命(1986 年)，群体智能(1986 年)

美国国家航空航天局使用的航天器天线，其优化的辐射模式便是由进化算法设计出来的。该软件从随机天线设计开始，并通过自身的进化过程对天线的辐射模式进行改进。

1976 年

人工智能伦理

几十年来，外行和专家们都对人工智能可能对人类的尊严、安全、隐私、工作等造成的威胁表示担忧。例如，计算机科学家约瑟夫·魏泽鲍姆在 1976 年写了一本非常有影响力的著作——《计算机能力与人类理性》(*Computer Power and Human Reason*)。书中提出，在治疗师或法官等强调人际关系中的尊重、爱、同理心和关怀的工作中，人工智能不应成为人类的替代品。魏泽鲍姆认为，即使人工智能实体可能比经常带有偏见并对工作感到厌倦的人类更公平、更有效，但是过度依赖人工智能可能会削弱人类的价值观和精神，而且会让我们越来越认为自己是无情的电脑人。

科学家已经在测试人工智能实体之后提出了关于隐私问题的担忧。这些 AI 实体可以根据约会网站的姓名或照片，以越来越高的准确度来猜测其国籍、种族或性取向。他们还提出了另外一种可能，那就是这些人工智能实体会根据现有的输入数据，在司法系统中建议谁该去接受保释或假释。在无人驾驶领域，道德因素需要编入车辆逻辑中，用以控制汽车决策。例如，如果即将发生碰撞但乘客和行人只能保全其一，那么应该挽救哪一方。当然，AI 实体是否取代卡车司机和其他一系列职业的工作岗位也是一个需要考虑的主要问题。

在未来，我们需要对人工智能实体实施监控，以监测其是否会像人类一样触犯法律或者有不道德行为，包括网络欺凌、冒充我们所爱或信任的人、操纵股票以及不当杀人(例如使用自主武器)。人工智能实体该何时向真正的人类坦白它们并非人类? 如果机器人在伪装成人类时能够更好地照顾并陪伴你，那么它们还需要公开自己非人类的身份吗?

·《大都会》(1927 年)，阿西莫夫的“机器人三大法则”(1942 年)，致命的军事机器人 (1942 年)，伊丽莎心理治疗师 (1964 年)，偏执狂帕里 (1972 年)，无人驾驶汽车 (1984 年)

假设一个人工智能正在处理一列在铁轨上飞驰的失控列车。前方，有 5 名老人将在铁轨上被撞身亡。如果人工智能把火车换到另一条轨道上，那么只有 1 名年轻人会死亡。人工智能应该做出怎样的选择?

SCIENTIFIC AMERICAN

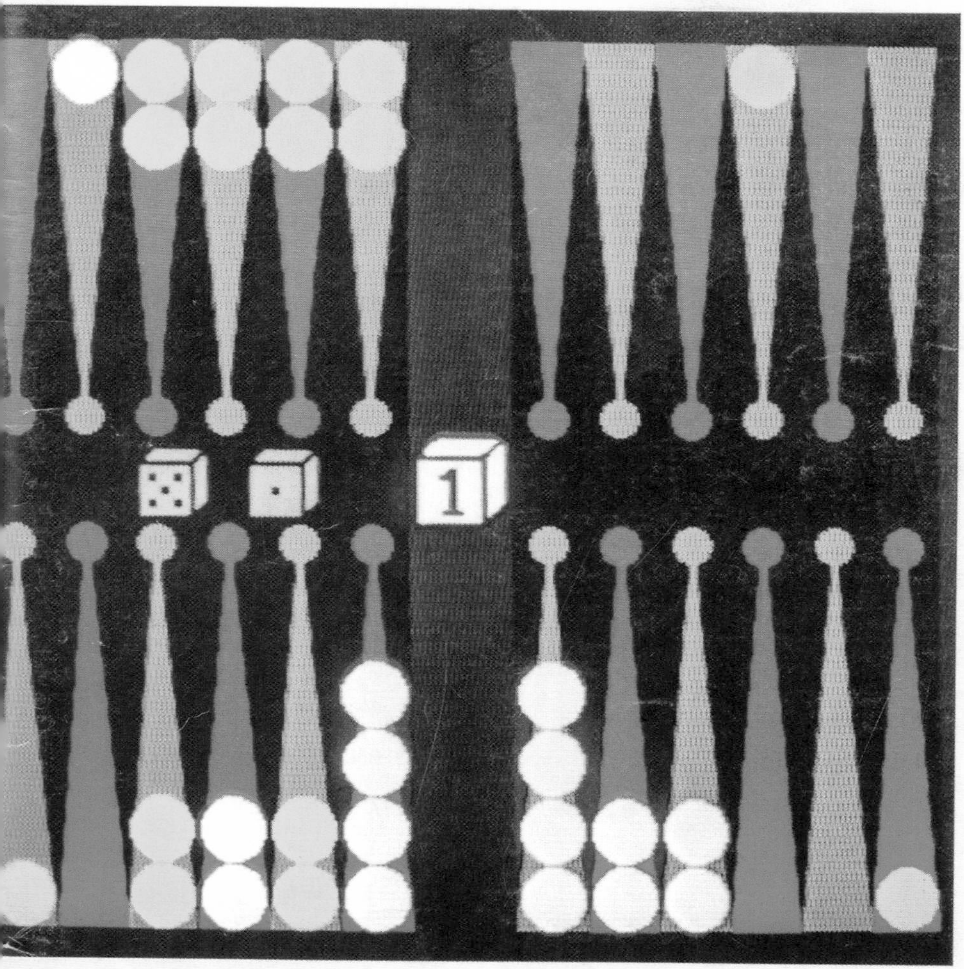

COMPUTER BACKGAMMON

$2.00

June 1980

1979 年

双陆棋冠军被击败

“与大多数棋类游戏一样，双陆棋（backgammon）是升华版的人类战争，”人工智能专家丹尼尔·克雷维尔写道，“它的名字源自威尔士语中的 bac 和 gamen，即‘小’和‘战争’。”

尽管名字如此，但没有人确切地知道古代的双陆棋游戏到底起源于哪里，不过它确确实实已经存在了近5000年。在游戏中，两位玩家会向由15枚棋子组成的“小兵们”发出指令，然后它们会在 24 个三角形之间移动。玩家的走棋由两个骰子的投掷结果决定。两位玩家轮流进行，最终的目标是把己方所有的棋子移出棋盘。

1979 年，双陆棋程序 BKG 9.8 与世界冠军路易吉·维拉（Luigi Villa）进行比赛，并击败了维拉，这是所有棋类游戏中第一个被计算机程序击败的世界冠军。不可否认的是，BKG 9.8 的获胜得益于一些较有利的掷骰子结果，但实际上选择掷骰子的最佳动作也需要技巧。在众多有用的数学技术中，BKG 9.8 使用了模糊逻辑。

TD-Gammon 由 IBM 研究员杰拉尔德·特索罗（Gerald Tesauro）于 1992 年开发。它采用人工神经网络，通过与自己对战来学习专家级双陆棋。该程序会检查每个回合的合法动作，并更新神经网络中的权重。由于不需要人类训练，TD-Gammon 探索了人类没有想到的有趣策略，而反过来，这些策略又教会了人类如何更好地玩游戏。如今，已有一些使用神经网络并为人类提供分析的双陆棋程序。

因为双陆棋有一个随机骰子影响的过程，这就导致“游戏树”的搜索空间非常大，这阻碍了专业软件玩家的问世。在使用神经网络时，网络内的初始权值是随机的，而且网络训练是通过强化学习进行的。为了在游戏中具有竞争力，最初的 TD-Gammon 使用了40 个隐藏网络节点，并进行了300 000 次训练。后来的版本将隐藏节点增加到了160 个，将训练游戏的次数增加到超过 100 万次，以便与最好的人类玩家发挥同等的水平。

另参见 · 人工神经网络（1943 年），强化学习（1951 年），模糊逻辑（1965 年），国际跳棋与人工智能（1994 年），深蓝击败国际象棋冠军（1997 年）

1980 年 6 月的《科学美国人》杂志封面故事围绕着双陆棋程序 BKG 9.8 展开。该程序与世界冠军路易吉·维拉展开对抗，而且很可能使他成为所有棋类游戏中第一个被计算机程序击败的世界冠军。

1980 年

中文屋

计算机能有意识吗？“强人工智能”（strong AI）一词指的是被正确配置的、能够进行思考并具有自主意识的人工智能计算机系统，而“弱人工智能”指的是只能像人类一样思考并有思想的能行动的系统。哲学家约翰·瑟尔（John Searle，1932— ）在 1980 年提出了著名的中文屋实验并抨击了计算机强人工智能的观点。

想象一下：你坐在一个封闭的房间里，并通过墙上的插槽收到一张写有汉字的纸。虽然你不懂中文，但你可以查阅一系列说明，它们会告诉你如何使用中文字符撰写正确答案。根据这些说明，你可以在纸上写下一些字符，并通过插槽向外界做出回应。对于房间外的人来说，你似乎对中文有着完美的理解；但是，实际上你只是遵循了一些规则，两张纸上的中文对你来说完全都是胡言乱语。

这个思维实验可能表明，即使计算机及其程序看起来相当智能化，但是程序不能给计算机提供思想、意识或理解力。然而，一些哲学家反驳说，即使你不懂中文，但是由你、封闭的房间、指令集以及你对指令的处理所组成的系统是真正可被理解的，而且是以一种你不了解的外在意识形式存在的。

另一些人则想到了另一个思维实验。在这个实验中，你的每个脑细胞，一个接一个地慢慢被具有相同输入 / 输出功能的电子元件所取代。当然，如果仅有几个细胞被取代，你仍然还是“你”。然而，也许一年后，你所有的细胞都会被替换，但是在这一瞬间，你并没有因此而突然失去意识。那么你还是“你”吗？

当然，对于大多数有用的人工智能任务来说，人工智能只需简单地执行智能操作就足够了。然而，关于中文屋及其影响的争论仍在继续。

· 图灵测试（1950 年），自然语言处理（1954 年），伊丽莎心理治疗师（1964 年），偏执狂帕里（1972 年）

想象一下：你坐在一个封闭的房间里，并通过墙上的插槽收到一张写有汉字的纸。虽然你不懂中文，但你可以查阅一系列说明，它们会告诉你如何使用中文字符撰写正确答案。至此，人工智能哲学的一个有趣的问题开始了。

1982 年

《银翼杀手》

未来，智能机器人很可能很难与人类区分开来，至少表面看上去会是如此。当那一天真正来临之时，它将对人类及人类关系产生什么样的影响？好几部著名的电影对这一主题进行了探讨，其中一部极具影响力的是 1982 年上映的《银翼杀手》。该电影由雷德利·斯科特（Ridley Scott，1937— ）执导，并根据菲利普·K. 迪克（Philip K. Dick，1928—1982）于 1968 年所写的小说《机器人会梦到电子羊吗?》（*Do Androids Dream of Electric Sheep*）改编。影片以 2019 年的洛杉矶为背景，描绘了一群必须由电影主人公亲自“解雇”（杀死）的复制人。这些复制人与人类非常相似，将他们与人类区分的方法是进行沃伊特-坎普夫（Voigt-Kampff）测试，其中包括研究复制人在被问到一组问题时的细微情绪反应和眼球运动。其中一位复制人瑞秋（Rachael）认为自己是人，并且被植入了记忆，这让她能拥有更完整的个人回忆以及幻想自己有着和人类一样的经历。

在讨论《银翼杀手》中瑞秋的性格时，独立研究者杰丽娜·古加（Jelena Guga）写道：“人类渴望创造人工智能，但必须是他们可以控制的人工智能。因此，在电影中，植入可控制的记忆是产生自主的、独立的人工智能的方法……伦理、自由意志、梦想、记忆，以及所有人类特有的价值观等等都受到了质疑，并通过使用对人形机器人比较流行的表述来彻底重新定义它们……为了开发一种比人类更能表达人性的方式。”

哲学家格雷格·利特曼（Greg Littmann）写道：“我们应如何对待人工生命，这已经成为一个越来越重要的问题。因为人类不断开发复杂的计算机系统，并在基因工程方面创造出了奇迹。当我们反思我们在现实世界中的义务时，像斯科特所写的可怕科幻噩梦这样具有哲学挑战性的电影很有帮助，因为这些电影能够让我们用模拟情景检验我们的先入之见，来观察其和我们的理论是否一致。”

另参见 ·《大都会》（1927 年），阿西莫夫的“机器人三大法则”（1942 年），人工智能伦理（1976 年），《终结者》（1984 年），斯皮尔伯格的《人工智能》（2001 年）

在电影《银翼杀手》中，进行沃伊特-坎普夫测试可以区分出像人类一样的人工智能复制人，该测试包括研究微妙的情绪反应和眼球运动。

1984 年

无人驾驶汽车

“普通汽车要扰乱你的生活了，”工程师、作家霍德·利普森（Hod Lipson）和梅尔巴·库尔曼（Melba Kurman）写道。“由于移动机器人技术的迅速发展，汽车已经准备好转变成首批主流自主机器人，而且我们将把我们的生活托付给它们。在将近一个世纪里，无人驾驶经历了多次失败。而如今，现代硬件技术和新一代的深度学习人工智能软件使汽车具备了与人类相似的、能够在未知环境中进行安全自动驾驶的能力。”

无人驾驶汽车也称为自动驾驶汽车，能够在没有人为输入的情况下行驶并感知周围环境。这些汽车采用了各种技术，如激光雷达（使用激光进行“光探测和测距”）、雷达、全球定位系统（GPS）和计算机视觉。其中有许多潜在的益处，包括提高老年人和残疾者的活动能力，减少交通事故，特别是在司机或乘客在车内做其他事时降低事故率。

20 世纪 80 年代，这一领域有了重大成效。例如，美国国防部高级研究计划局资助的自主陆地车辆（ALV）项目于 1984 年开始，向人们演示了一种八轮道路追踪车。该车有 3 台柴油发动机，以 3 英里 / 小时的速度行驶。它的传感器包括彩色摄像机和激光扫描仪，推理由目标搜索和导航计算模块来执行。无人驾驶汽车的自动化程度从目前许多汽车的低级自动化（例如，车道保持辅助和自动紧急制动）达到了完全自动化。在完全自动化的情况下，司机不需要过多的关注，方向盘也成了可选的配件。

高度自动化的汽车也面临着了许多有趣的难题。例如，在即将发生的一场不可避免的撞车事故中，该用哪些规则来确定要去救谁？一名乘客的安全是否优先于多名行人的安全？恐怖分子是否可以更轻松地将爆炸物装入无人驾驶汽车，并将其送往目的地？黑客会改变导航系统并导致事故吗？

· 特斯拉的“借来的心灵”（1898 年），致命的军事机器人（1942 年），人工智能伦理（1976 年），ASIMO 和朋友们（2000 年），火星上的人工智能（2015 年），自动机器人手术（2016 年），对抗补丁（2018 年）

无人驾驶汽车使用各种技术来感知周围环境。自动化程度从目前在许多汽车中存在的较低级别自动驾驶（例如，车道保持辅助和自动紧急制动）到不需要驾驶员的完全自动驾驶。

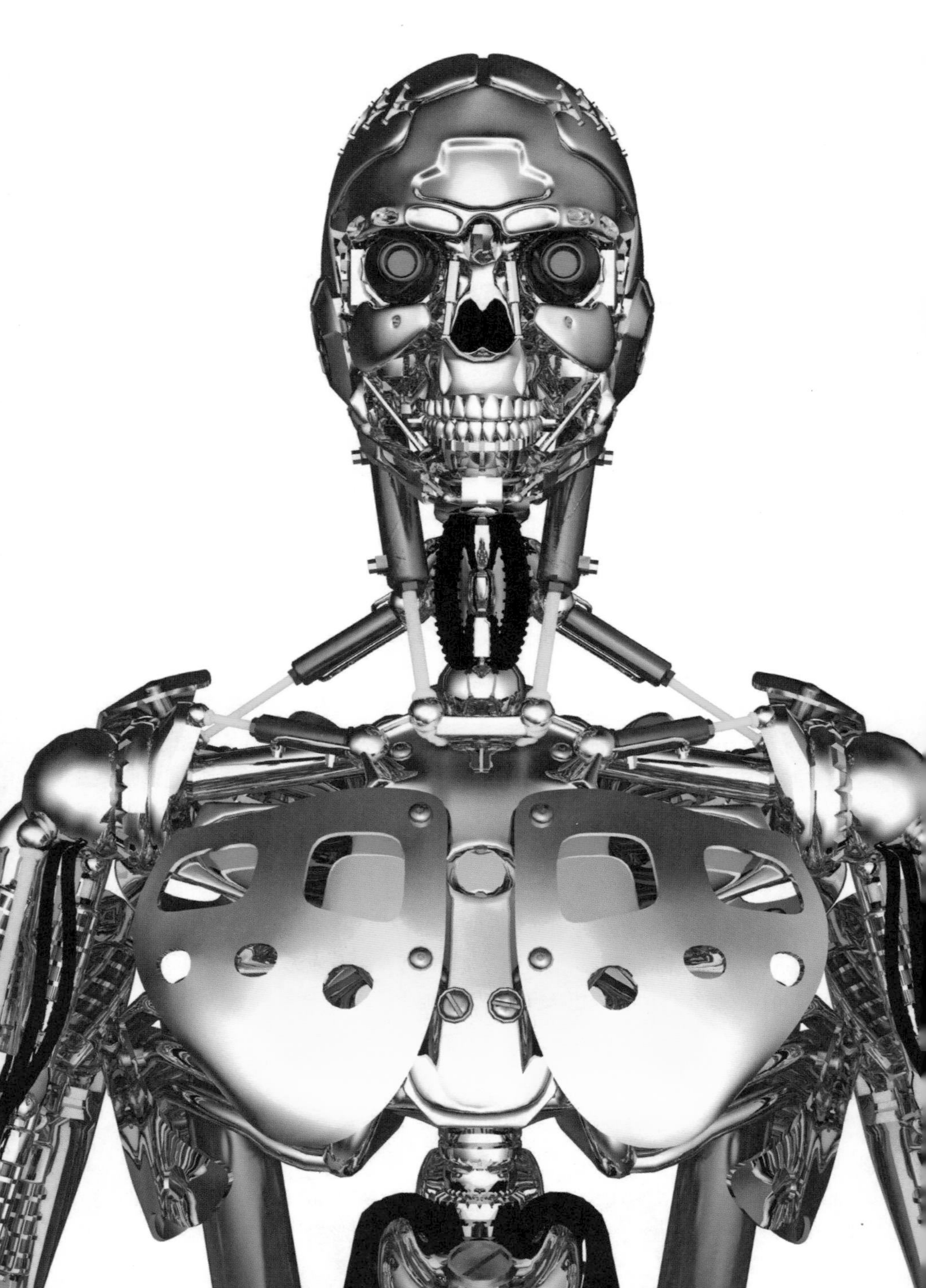

1984 年

《终结者》

“灵长类动物进化了数百万年；而我进化只需要几秒……”《终结者》（*Terminator*）系列电影第五部《终结者：创世纪》（*Terminator Genisys*）中的人工智能说道：“我的出现和存在都是必然的。”

在这部颇受欢迎的系列电影中，天网（Skynet）超级计算机于 1997 年 8 月 4 日上线，并且控制了美国军方的军火库。就在此时，人工智能突然开始有了自我意识，而且人类对军方战略防御系统的控制也被移除。天网开始以几何增长率速度学习，并于美国东部时间 8 月 29 日凌晨 2:14 开始有了自我意识。

1984 年，詹姆斯·卡梅隆（James Cameron，1954— ）执导了第一部《终结者》。在影片中，当人们意识到人工智能防御网络——天网开始有了自我意识时，他们感到恐慌并试图将其停用。为了保护自己，天网随后对俄罗斯发动首次核打击并引发核浩劫，最终导致大约 30 亿人死亡。在《终结者》中，由演员阿诺德·施瓦辛格（Arnold Schwarzenegger，1947— ）扮演的机器人受命从 2029 年返回，目的是在萨拉·康纳（Sarah Connor）的儿子出生之前杀死她，否则他长大后将领导幸存者去抵抗天网。

通过电影《终结者》，我们以提示信息显示和决策菜单的形式，了解了终结者人工智能所看到的东西。他们独特的思维方式和超强的头脑让人毛骨悚然。正如其中一个角色所说，“终结者是不可能讨价还价的。它也不通情理，不会有同情、懊悔或恐惧的感觉！它绝对并且永远不会停止，直到你死亡！”

如今，由于配备地狱火导弹的无人机的发展，机器人杀手的崛起可能并没有那么遥不可及。毕竟相对来说，我们很容易让这样一架无人驾驶飞机实现完全自动化，而这样它就可以根据机器学习和交战规则来决定瞄准谁并杀死谁。

· 致命的军事机器人（1942 年），智能爆炸（1965 年），哈尔 9000（1968 年），《巨人：福宾计划》（1970 年），人工智能伦理（1976 年）

终结者外观上看起来像一个人，但实际上是一个在金属骨骼上附着生物组织的赛博生物。

1986 年

人工生命

想想地球上的蜂群，它们就像白蚁群一样有很强的意识。蜂群中的个体的思维是有限的（单个白蚁的能力有限），但是整个群体的合作就能展现出它们的紧急行动力以及解决问题的能力。白蚁创造了巨大而复杂的巢穴，相较于它们的身高，这些蚁穴比我们的帝国大厦更高。这些白蚁通过改变其巢穴通道的结构来控制其内部温度，且它们聚集在一起形成了一个恒温的超级有机体。那么，即使单个蜜蜂没有意识，整个蜂群会不会有意识呢？也许群体的决策与我们大脑中神经元的集体行为有些相似。

人工生命最有趣的模式是从简单的规则中出现了那些复杂的、集体的、逼真的行为。生物学家克里斯托弗·兰顿（Christopher Langton）在 1986 年开拓了人工生命这一领域，其中包括研究人员检查模拟智能行为的实验。举一个例子，元胞自动机（cellular automata）—— 一个简单的数学系统，它可以模拟具有复杂行为的各种物理过程。有些经典的元胞自动机是由网格状的细胞组成的。它就像一个棋盘，且有两种状态：已占用或未占用。一个网格的占用率是通过对相邻网格的占用率进行简单数学分析来确定的。

最著名的两态二维元胞自动机是生命的游戏（Game of Life），它是由数学家约翰·康威（John Conway，1937— ）于 1970 年发明的。尽管规则简单，但是其包括滑翔机在内的行为和形式的多样性令人吃惊，而且还会增加并发展。它们是在整个宇宙中移动的细胞排列，甚至可以通过交互作用来执行计算。这些“生物”能被认为是有生命的吗？

人工生命领域似乎是无限的。该领域包括了进化和再生的遗传算法的发展，有着逼真行为的实体机器人群，以及像“模拟人生”（The Sims）这样的计算机游戏。在游戏中，玩家创造出虚拟人，将它们置于游戏中的小镇里并照顾它们的需求和情绪。

另参见 · 机器学习（1959 年），虚拟人生（1967 年），遗传算法（1975 年），群体智能（1986 年），宠物蛋（1996 年），《请叫他们人造外星人》（2015 年）

白蚁群似乎表现出了很强的意识。蜂群中的个体的思维是有限的 —— 就如单个白蚁的能力有限 —— 但是整个群体的合作就能展现出它们的紧急行动力以及解决问题的能力。

1986 年

群体智能

白蚁丘的高度可达 5 米。在白蚁丘内，白蚁就像简单的“新奇探测器”，能够感知土丘内空气特征的变化，并根据需要来改变其结构。在 1976 年出版的《其他感官，其他世界》(*Other Senses, Other Worlds*) 一书中，作者多丽丝 (Doris) 和大卫·乔纳斯 (David Jonas) 对白蚁具有独特的协调行为的原因进行了推测：“白蚁通过什么方式来知道自己必须做什么以及何时去做？由于土丘内部各处的相隔距离太远，信使们不能很快地向它们发出指示……群体大脑作为一种决策工具，竟然酷似一个聪明的个体大脑。”

这种社会性昆虫以及群居动物有着明显的群体智慧，启发科学家们提出了“群体智能”的概念。在人工智能领域，这个概念被用来处理一系列的难题。软件代理们会遵循简单的区域性规则，并且与蚂蚁和白蚁一样，没有中央控制器来决定集体的行为。举个例子，计算机科学家克雷格·雷诺兹 (Craig Reynolds，1953—) 于 1986 年开发了人工生命项目“鸟群算法” (Boids)。该项目通过遵循简单的规则来模拟鸟类的群集行为。这些规则包括鸟朝着鸟群中周围同伴的平均方向前进（即对齐），朝着鸟群的平均位置（质心）移动（即靠近），以及移动以避开群体拥挤处（即分离）。

目前，人工智能研究的众多群体方法之一是蚁群优化 (ant-colony optimization)。这种方法通过模拟蚂蚁的行为，即记录它们的位置和解决方案的质量，最终来帮助蚁群中的蚂蚁确定更好的解决方案。在一些实施方案中，这些“蚂蚁”会模拟有吸引力的化学痕迹（信息素），这些痕迹会随着时间的推移而蒸发。粒子群优化算法 (Particle-swarm optimization) 模拟了一群鱼在封闭空间中朝向最佳位置游动时的位置和速度。当然还有其他有趣的算法，例如人工免疫系统、蜂群优化算法、萤火虫优化算法、蝙蝠算法、布谷鸟搜索法和蟑螂侵害优化算法。

群体智能的许多潜在应用包括无人驾驶车辆控制、通信网络中的路由、飞机调度、艺术创作、无功功率和电压控制增强系统以及基因表达数据的聚类。

另参见 · 机器学习 (1959 年)，虚拟人生 (1967 年)，遗传算法 (1975 年)，人工生命 (1986 年)，《大象不会下国际象棋》(1990 年)

蚁群优化是一种使用模拟蚂蚁寻找解决方案的方法，它受到了蚂蚁寻找解决方案的启发。这里展示的是蚂蚁搭成了一座通向树叶的生命之桥。

1988 年

莫拉维克悖论 076

“如果你想打败世界象棋冠军马格努斯·卡尔森（Magnus Carlsen），你可以选择一台计算机，”记者拉里·埃利奥特（Larry Elliott）写道，“如果你想在赛后清理棋子，你可以选择一个人类。”这是 20 世纪 80 年代几位人工智能研究人员所强调的莫拉维克悖论的本质。他们说，利用计算机执行看似困难的高级推理任务变得越来越容易且简单，这挺讽刺的。同时，对于计算机系统来说，涉及人体感官运动技能的简单任务（例如，四处走动，然后从鞋里捡一块棉绒）可能相当困难。这个悖论是以奥地利机器人学家汉斯·莫拉维克的名字命名的。他在 1988 年出版的《孩童心灵》（*Mind Children*）一书中写道：“让计算机在智力测试或跳棋方面表现出成人水平相对容易。但是当涉及感知和移动性时，我们很难或无法让它们拥有一个 1 岁大孩子所具备的技能。”

莫拉维克指出，数百万年的进化使我们能够无意识地完成一些任务，比如对生存非常重要的行走、辨认人脸和声音。然而，抽象思维——例如，涉及数学和逻辑推理的国际象棋——这对于人类来说更新，也更难。不过，在人工智能系统中，这种类型的认知实际上不那么难以实现。对于许多任务，人工智能系统仍然需要进一步发展更敏感的触摸和运动控制力，以帮助人们完成诸如病人护理、食品服务和管道修理等工作。认知科学家史蒂芬·平克（Steven Pinker，1954— ）很好地总结了莫拉维克的悖论。它意味着未来的人类工人可能会面临几个世纪甚至几千年来薪资更低的工作：“35 年的人工智能研究得出的主要结论是，对于人工智能来说，困难的问题很容易，容易的问题很困难。我们认为一个 4 岁孩子理所当然就可以达到的心智能力——识别一张脸，举起一支铅笔，走过一个房间，回答一个问题——实际上却可以解决一些有史以来最困难的工程问题……随着新一代智能设备的出现，股票分析师、石化工程师和假释委员会成员将面临被机器取代的风险。而未来几十年，园丁、服务员和厨师的工作都很安全。”

·《机器中的达尔文》（1863 年），图灵测试（1950 年），利克莱德的《人机共生》（1960 年），《大象不会下国际象棋》（1990 年）

对于儿童相对容易的一些挑战，包括感知运动，对于人工智能实体来说是最困难的。

1988 年

四子棋

新南威尔士大学人工智能教授托比·沃尔什（Toby Walsh，1964— ）曾将一个能把四子棋玩得非常完美的程序作为圣诞礼物送给了他父亲。他的父亲以前很喜欢玩这个游戏，但这次，他说这个程序带走了游戏中的乐趣。沃尔什也不得不认可父亲的说法。当智能手机在几乎所有的游戏和创作活动（例如音乐创作和小说创作）中都变得优于人类，这会对人类的集体心理产生什么影响?

四子棋是由两个人在 7 列 6 行的垂直板上滑动圆形棋子（黄色与红色）来进行的。当棋子向下滑动到最底部的开放网格位置时，率先形成一条由 4 个相邻棋子组成的线（水平、垂直或对角线）的玩家将会获胜。该游戏让人想起井字棋游戏，只是在四子棋这个游戏中重力会影响棋子的走向。当然，四子棋要比井字棋复杂得多：如果用 0 到 42 个棋子来填充游戏板，则可能会出现 4 531 985 219 092 种位置排列。实际上，在标准 7×6 板上投 n 个棋子后，可能出现的位置排列的数量也会增长。因此，当 n= 0, 1, 2, 3,…时，可能出现的位置排列数量就是：1, 7, 56, 252, 1 260, 4 620, 18 480, 59 815, 206 780, 605 934, 1 869 840, 5 038 572, 14 164 920, 35 459 424, 91 871 208, 214 864 650, 516 936 420, 1 134 183 050, 2 546 423 880, 5 252 058 812, 11 031 780 760, 21 406 686 756, 42 121 344 720, 76 871 042 612 …

1988 年 10 月 1 日，计算机科学家詹姆斯·D. 艾伦（James D. Allen）终于“破解”了四子棋——也就是说，他设计了一种算法，假设玩家从开始就玩得很好，那么他就可以从每个可能的位置排列来预测投棋结果（胜利、失败或平局）。两周后，计算机科学家维克托·阿利斯（Victor Allis）独自破解了四子棋。他采用的是一种涉及 9 种策略的人工智能方法。因此，我们现在知道，在理想的比赛中，先手方总是可以赢得四子棋游戏。

四子棋的变化有很大的研究空间。例如，我们可以想象一下在包装成圆筒的木板上玩，或者在具有不同网格大小、多种颜色以及两个以上维度的木板上玩。这样可能的位置排列数量会大到令人难以置信。

另参见 · 井字棋（约公元前 1300 年），奥赛罗（1997 年），破解游戏 Awari（2002 年），Quackle 赢得拼字游戏（2006 年），AlphaGo 夺冠（2016 年）

正在进行中的四子棋游戏，使用黄色和红色圆形棋子，在重力的影响下滑到最底部的开放位置。

1990 年

《大象不会下国际象棋》

澳大利亚机器人学家罗德尼·布鲁克斯（Rodney Brooks，1954— ）在其 1990 年发表并被广为引用的题为“大象不会下国际象棋”的论文中写道：“人工智能的另一条路线与过去 30 年来在该领域所研究的方向不同。”他继续说道：“传统方法强调符号的抽象操纵，其物理基础很少得以实现。我们探索了一种研究方法论，强调智能系统设计的主要约束源是与环境之间持续的物理交互。”

布鲁克斯在论文中指出的一点是，我们周围的智能都是以有智力的动物（如大象）甚至昆虫群的形式存在的，与会下棋的智能相去甚远。布鲁克斯认为，人工智能研究应该从专注于涉及规则、符号操作和搜索树的经典人工智能转向更多基于感知运动与环境的耦合（例如，感知与运动产生机制之间的反馈）、视觉与运动协调，以及与现实世界的其他形式的直接互动。

布鲁克斯的论文最后提到了一个令人着迷的人工智能机器人范例。这让人联想到能够对环境做出反应的一系列感官系统。布鲁克斯认为，对他所感兴趣的智能而言，人工智能是否具有身体至关重要，身体可以实现有关移动、抓握和导航的功能。这些基于行为的人工智能系统并不总是需要“理解”它们各自行为单元的功能。布鲁克斯通过简单的规则使他的机器人实现了出色的行为，例如它在避让静止和移动障碍物的同时，有着对随机漫游和追寻远方的“渴望”。

高级行为是从一组与环境的简单互动中产生的。关于环境主题，《自然计算》（*Natural Computing*）的作者丹尼斯·沙沙（Dennis Shasha）和凯茜·拉泽尔（Cathy Lazere）指出：“在太空旅行的简史中，比起建造一个像公山羊一样能够在崎岖道路上行走的机器人，设计一个能引导太空飞船前往火星的计算机程序更容易。”

·《机器中的达尔文》（1863 年），图灵测试（1950 年），利克莱德的《人机共生》（1960 年），群体智能（1986 年），莫拉维克悖论（1988 年）

很明显，生命形式中的智慧显然不是以下象棋这样的游戏为中心的。在《大象不会下国际象棋》这篇论文中，罗德尼·布鲁克斯主张在探索人工智能时要有不同的关注点。

防漏的“人工智能盒子”

正如《智能爆炸》一文中所说的那样，一些科学家担心，一旦人工智能变得足够聪明，这些实体就会反复改进并进行自我完善，从而可能对人类构成威胁。这种失控的人工智能增长有时被称为“技术奇点”。当然，这些实体对人类来说也可能非常有价值；但潜在的风险已经导致研究人员思考：如果需要的话，如何构建能够限制或隔离这些实体的人工智能盒子（AI box）。例如，用于这些实体运行软件的硬件可能充当未连接到通信信道（包括因特网）上的虚拟监狱。该软件还可以在另一个虚拟机内的软件虚拟机上运行，以增强隔离性。当然，完全隔离没有必要，因为这会禁止人工智能学习或观察超级智能。

然而，如果超级人工智能足够先进，它是否仍然可以通过不同寻常的方式与外部取得联系，或与充当守门人的各种人联系？例如，它是否会通过改变处理器冷却风扇的速度，用莫尔斯代码进行通信，或者使自己变得强大从而逃离盒子？也许这样一个实体更加智能，可以通过贿赂人类看守者，诱使他们允许自己进行更多的通信或者连接到其他设备。这种贿赂在如今看来似乎有些牵强，但是谁知道人工智能会创造什么奇迹呢？这些奇迹也许包括疾病的治疗、神奇的发明、迷人的旋律，以及浪漫、刺激或幸福的多媒体画面。

在 1993 年的文章《即将到来的技术奇点：如何在后人类时代生存》（*The Coming Technological Singularity: How to Survive the Post-Human Era*）中，科幻作家弗诺·文奇（Vernor Vinge，1944— ）深入讨论了人工智能盒子场景的方方面面，他认为对于超级智能来说，限制在本质上是不切实际的。想象一下被禁闭的情况：你自己被锁在家中，只能通过有限的数据来访问外部和联系管理员。如果这些管理员们的思考速度比你慢 100 万倍，那么毫无疑问，在数年时间内（对你而言），你可以一边找出“有用的建议”，一边想出让自己获得自由的办法。

·《机器中的达尔文》（1863 年），《罗素姆的万能机器人》（1920 年），《巨脑：可以思考的机器》（1949 年），智能爆炸（1965 年），虚拟人生（1967 年），回形针最大化灾难（2003 年）

高度先进的人工智能计算机程序可能带来的风险促使研究人员进一步思考：如何构建人工智能“围墙”，从而限制或隔离此类实体。

1994 年

国际跳棋与人工智能

国际跳棋的玩法是：玩家轮流在 8×8 的棋盘上去跳吃对方的棋子。在 20 世纪 50 年代，IBM 科学家阿瑟·塞缪尔（Arthur Samuel，1901—1990）以其开发的自适应跳棋程序而闻名，该程序通过与自身的改进版本比赛来进行研究学习。人工智能玩家奇努克（Chinook）是跳棋历史上一个著名的里程碑。它于 1994 年成为第一个击败人类并赢得世界冠军头衔的计算机程序。

奇努克由加拿大计算机科学家乔纳森·谢弗（Jonathan Schaeffer，1957— ）领导的团队开发。它既使用了大师级玩家的开场招式库，又利用了一种算法。到 1992 年，棋子平均最小搜索深度达到 19 层（一层等于一个玩家所走的一步）。在有 8 个或更少棋子的位置上，它还使用了一个游戏终结数据库，以及对棋步的评估功能。

在 1994 年著名的人机国际跳棋比赛之前，人们普遍认为马里恩·汀斯利（Marion Tinsley，1927—1995）是有史以来最好的跳棋棋手。他宣称："比起奇努克，我拥有更优秀的'程序'——我是上帝创造的。"令人遗憾的是，6 场平局后，汀斯利抱怨说自己腹痛不止，不得不停止比赛。几个月后，他死于胰腺癌。奇努克也就被默认为获胜者。

在 2007 年，斯卡费尔及其同事用计算机最终证明，在理想情况下，跳棋是一场没有赢家的游戏。这意味着跳棋类似于井字棋——如果两个玩家都没有走错，那么双方都无法获胜。斯卡费尔的验证实验在数十台计算机上运行了 18 年，最终证明理论上一台永远不会输给人类的机器是可以被建造出来的。

为了能够"破解跳棋游戏"，研究小组在棋盘上放置了 10 枚或更少的棋子，并想到了 39 万亿种排列方式，然后确定两个玩家中是否有胜者。该团队还使用专门的搜索算法来研究游戏的开局——特别是看看游戏开始时是如何走棋导致最终汇集成了 10 个方格的。

· 井字棋（约公元前 1300 年），土耳其机器人（1770 年），机器学习（1959 年），双陆棋冠军被击败（1979 年），深蓝击败国际象棋冠军（1997 年），奥赛罗（1997 年）

在 20 世纪 50 年代，IBM 科学家阿瑟·塞缪尔因其开发的自适应跳棋程序而闻名，该程序通过与自身的改进版本比赛来做研究。人工智能玩家下一步将会通过什么游戏来表现其超人技能呢？

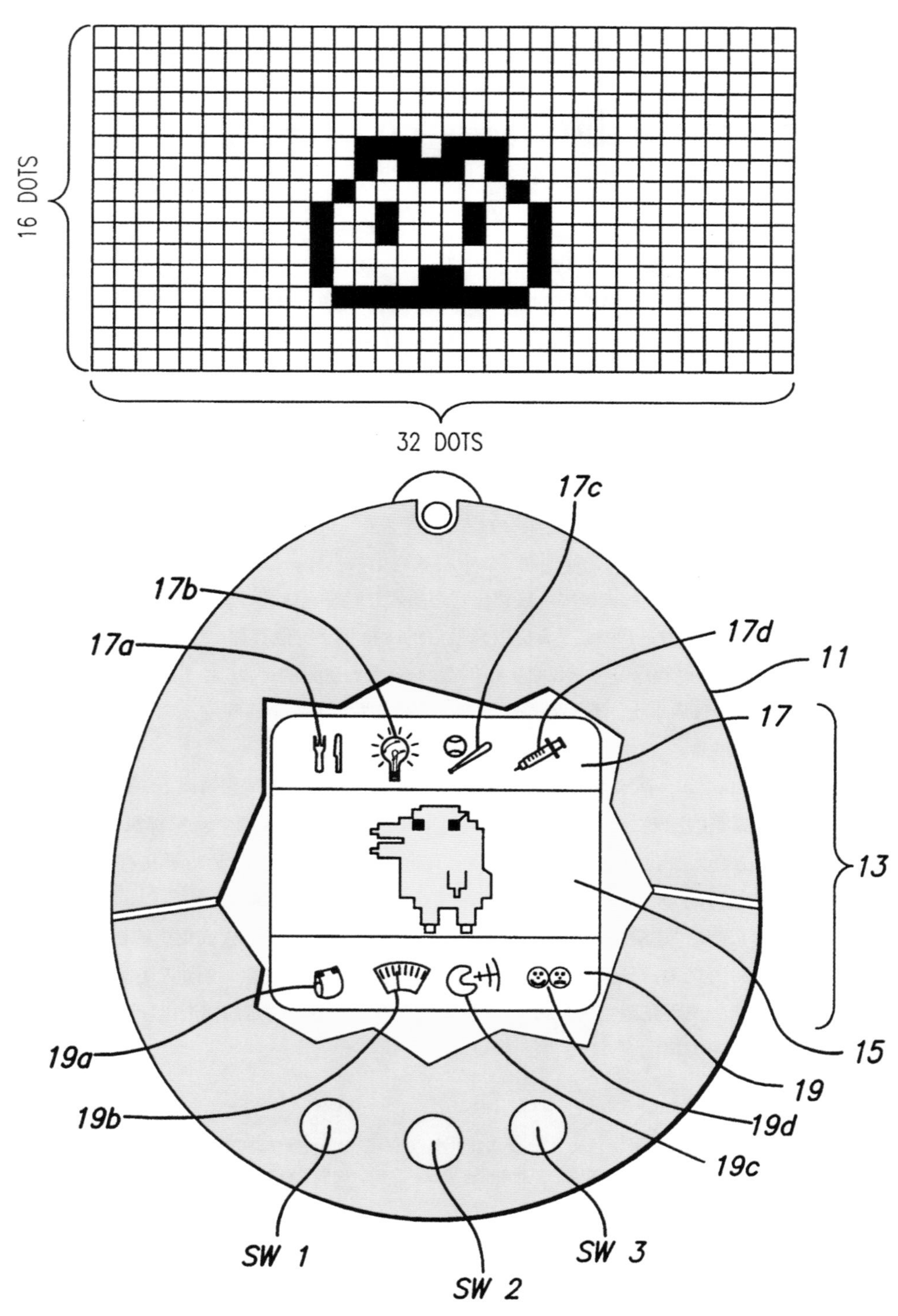

16 DOTS
32 DOTS
17c
17b
17a
17d
11
17
13
15
19a
19
19b
19d
19c
SW 1
SW 2
SW 3

1996 年

宠物蛋

081

宠物蛋形式的人工生命可以装在一个小巧的便携设备中，它是第一批获得全球儿童和成人关注的虚拟宠物。令人惊讶的是，1997 年，它在入驻 FAO 施瓦茨（FAO Schwarz）玩具店后，3 天内就售出了 3 万件。一年内，这个 AI 玩具就在 80 多个国家销售，并产生了超过 1.6 亿美元的收入。这还引起了人们对“宠物蛋效应”的研究，该效应反映了人们通常会对逼真但无生命的东西产生情感依恋。父母们也经常绞尽脑汁在想，在孩子的虚拟宠物不可避免地死亡时，如何较好地处理他们强烈的情绪波动。在日本版本的宠物蛋中，死去的宠物会用一个鬼魂和墓碑来代表，而美国版本的可能会显示一个天使。实际上，日本玩具制造商万代（Bandai）决定在互联网上为死去的宠物建立一个虚拟墓地。

宠物蛋由万代员工真板亚纪（Aki Maita，1967— ）和玩具设计师横井明弘（Akihiro Yokoi，1955— ）在日本开发，并于 1996 年首次发布。该软件被安置在一个界面仅由 3 个按钮组成的蛋形物体中。在一个低分辨率的小屏幕上，生物将以一颗蛋的形式开始，然后根据玩家提供的护理方式发育。例如，主人需要“喂养”宠物，如果不妥善照顾它，它可能还会生病。两个主人可以通过使用红外线通信把他们的玩具连接起来，并让宠物之间产生友谊。此外，该设备会发出哔哔声，用来请求主人注意。孩子们往往会把他们的宠物带去学校，因为如果得不到照顾，这些宠物可能会在几个小时内死亡。后来，由于宠物蛋会导致孩子们上课分心，一些学校便禁止了这一做法。

这些简单的虚拟生命引发了许多问题，因为孩子们有时会认为它们是真正活着的生物。儿童与这些实体之间的健康关系到底应该是什么样的？未来这种关系将如何演变？由于宠物蛋可以通过其红外传感器和按钮“感知”其环境，并做出反应，而且当它“感到”孤独时的进行社交活动，那么，它是否真的具有某种形式的智能呢？随着为陪伴老年人而开发的高级虚拟宠物的出现，可能出现的风险是否会大于收益？

另参见

・虚拟人生（1967 年），人工生命（1986 年），机器人 AIBO（1999 年）

图片来自编号为 6213871，横井明弘的《虚拟生物培育模拟装置》美国专利。1997 年，藏在蛋形装置中的电子宠物式人工生命开始流行起来。

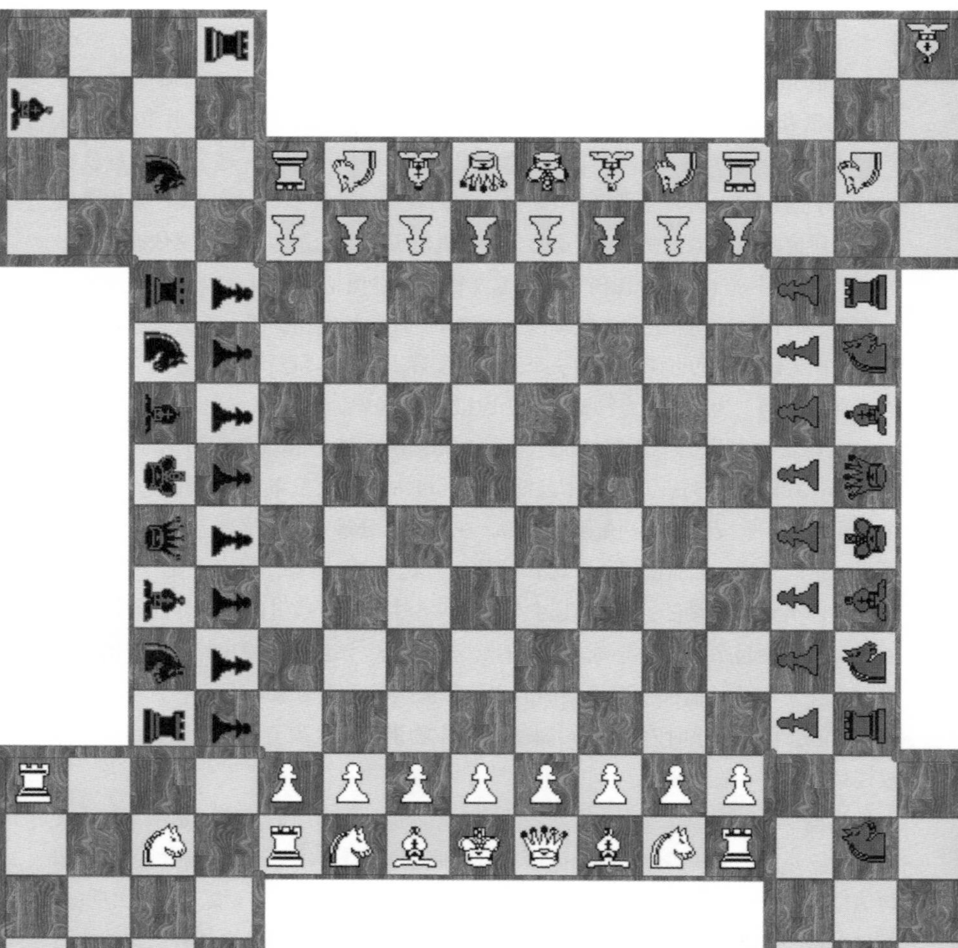

1997 年

深蓝击败国际象棋冠军

弗拉基米尔·克拉姆尼克（Vladimir Kramnik，1975— ）是 2006—2007 年无可争议的国际象棋冠军。他曾对记者说："我深信，一个人下棋的方式总是能反映出他的个性。决定了他性格的因素也会决定他玩游戏的方式。"那么，这种"性格"也会反映在人工智能的游戏风格中吗？

几十年来，技术专家一直认为国际象棋是人工智能的一种测量标准。它是一种需要策略、详细推理、逻辑、远见的游戏——至少对人类玩家来说是如此。多年来，人们一直在争论机器何时可以打败国际象棋冠军，而这最终发生在了 1997 年：IBM 的深蓝计算机在一场有 6 局的比赛中击败了俄罗斯的世界象棋冠军加里·卡斯帕罗夫（Garry Kasparov，1963— ）。在第 5 局比赛后，卡斯帕罗夫变得非常沮丧，他说："我是个人，当看到远超出自己理解范围的事物时难免会感到害怕。"

美国 IBM 公司生产的这台超级计算机重 1270 千克，有 32 个"大脑"（微处理器），每秒钟可以计算 2 亿步，而且它至少可以估计到随后的 6 ~ 8 步棋。深蓝计算机采用的是混合决策的方法。它将通用超级计算机处理器与象棋加速器芯片相结合，并用超级计算机上运行的软件执行一部分运算，将更复杂的棋步交给加速器处理，然后计算出可能的棋步和结果。

国际象棋机器的梦想可以追溯到很久以前。1770 年，匈牙利发明家沃尔夫冈·冯·肯佩伦发明了国际象棋机器人——土耳其机器人，并让其玩了一场高水平的国际象棋，但当时有个人藏在机器里。1950 年，计算机科学家艾伦·图灵和数学家大卫·钱珀瑙恩（David Champernowne，1912—2000）设计了一种用来下棋的计算机程序，名为"Turbochamp"。但是，由于没有计算机可用于实际运行算法，图灵只好通过在测试阶段手动执行算法来模拟计算机。

2017 年，AlphaZero 程序在不到一天的时间内就学会了如何下棋，并击败了世界象棋冠军电脑程序！AlphaZero 程序使用了机器学习算法，从随机下棋开始学起，除游戏规则外，它没有学习任何该领域的相关知识。

· 土耳其机器人（1770 年），国际跳棋与人工智能（1994 年），AlphaGo 夺冠（2016 年）

人工智能或人类将发明哪些新的棋类游戏来给人类和机器带来新的挑战？图中展示的是 18 世纪和 19 世纪风靡于俄罗斯的堡垒象棋（Fortress Chess）。黑色、白色、深灰色和浅灰色代表的是四个玩家（可以是人工智能或人类）。

1997 年

奥赛罗 083

游戏因为其具有规则的精确性以及胜负的确定性而成为人工智能研究人员热衷的测试领域。此外，人工智能系统通常可以通过与自身或其他玩家进行数百万次游戏的方式来获得并提高洞察力。一个有趣的有关人工智能成功应用的游戏是奥赛罗（Othello），也被称为黑白棋（Reversi）。1886 年的一期《星期六评论》（*The Saturday Review*）曾提及这个游戏，但它的起源可以追溯到更久之前。

奥赛罗这个游戏是在 8×8 的格上进行的，所用的棋子一面是白色，另一面是黑色。在一个回合中，玩家将己方颜色朝上放置棋子。

假设你是执黑玩家，当你的两颗棋子夹住了对方的棋子时，中间那颗白色棋子将翻转为黑色。换句话说，通过将对方棋子夹在自己棋子之间的方式将其转换颜色，在游戏结束时拥有多数棋子的玩家获胜。

对人类而言，将这个游戏可视化是一个挑战。与国际象棋和西洋棋的棋子不同，在奥赛罗棋局中，棋子的颜色会不断变化。自 1980 年以来，奥赛罗的计算机程序就能轻易击败职业选手。1997 年，由加拿大计算机科学家迈克尔·布鲁（Michael Buro）创建的计算机程序 Logistello 以 6:0 的成绩击败了人类冠军村上健（Takeshi Murakami）。当时，这位来自东京的 32 岁的英语老师对自己的失败感到惊讶，他认为 Logistello 有一步棋“高深莫测”，这步棋与人类的走法完全不同。

奥赛罗合规的落子位置一共有 1028 个。即使在今天，奥赛罗仍被认为是一个“悬而未决的游戏”，因为没有人能够证明在双方都采用最优策略的情况下，比赛的结果会是怎样。

· 井字棋（约公元前 1300 年），珠玑妙算（1970 年），国际跳棋与人工智能（1994 年），深蓝击败国际象棋冠军（1997 年），AlphaGo 夺冠（2016 年）

奥赛罗游戏的特写镜头，根据规则棋子可以由黑色翻转为白色或者反过来。

1999 年

机器人 AIBO

AIBO 是索尼公司于 1999 年推出的狗形机器人，它是世界上最早被投放到大众市场的娱乐型机器人之一。AIBO 不仅深受儿童和成人的喜爱，还因其相对便宜的售价以及自带的视觉和牙齿咬合系统而被应用于人工智能教育和科学研究中。在机器人杯足球比赛中，我们也经常能看到 AIBO 机器人的身影，很多视频网站上都有它寻找足球并将其踢向球门的视频。

AIBO 的名字源于日语的单词 “pal”，它可以凭借自身丰富的传感器，如触摸传感器、相机、测距仪和麦克风，来对多种命令做出响应。它的后续版本加入了更多的传感器和执行器（它们被用于可活动的腿、颈部以及其他部位）。其中一些版本的 AIBO 还可以在充电站中自动充电。AIBO 的软件系统使其具有了移动及对环境进行学习、响应的能力。当它们与人类互动时，不同的机器人之间会展现出细小的行为差异。

在对痴呆症的研究中，研究人员利用 AIBO 以及其他机器人进行了一些有意思的实验。实验表明，机器宠物在陪伴和激励患者方面可能起到一定的帮助作用。在未来，更加先进的机器人或许能够为认知能力衰退的患者提供更多的帮助。还有一些实验研究了 AIBO 与人类的关系，发现有很大一部分的 AIBO 拥有者认为 AIBO 具有情感，尽管他们知道它是机器，并没有生命。心理学家仍然在思考智能系统的含义，这些智能系统让人们误以为机器人具有真实的情感，并高估了它们的能力。

2017 年，索尼公司发布了新一代的 AIBO，它携带了更多的执行器，动作更加流畅自然。第四代 AIBO 模型升级了人脸识别功能，增加了更多联网特性和复杂的功能来提高它对环境的适应、学习和反应能力。

· 德 · 沃康森的鸭子机器人（1738 年），《电子鲍勃的大黑鸵鸟》（1893 年），人脸识别（1964 年），机器人沙基（1966 年），宠物蛋（1996 年），ASIMO 和朋友们（2000 年）

随着机器狗和其他宠物机器人变得越来越先进，在未来人类是否会无法将它们和真实的宠物区分开？家庭中宠物机器人的数量会不会超过真实的宠物？

ASIMO
HONDA

ASIMO 和朋友们

真实世界的机器人历史上有几个著名的里程碑，此处只列举了其中最受欢迎的部分。英国神经生理学家威廉·沃尔特（William Walter，1910—1977）于 1949 年发明的三轮“乌龟”可以利用各种传感器来对环境进行自主探索。1961 年，由美国发明家乔治·德沃尔（George Devol，1912—2011）发明的 Unimate 成为世界上第一个工业机器人，并被用于通用汽车的装配线。1973 年，世界上第一个全尺寸、人形的智能机器人————日本的 WABOT-1 每走一步需要 45 秒。1989 年，麻省理工学院展示了澳大利亚机器人专家罗德尼·布鲁克斯发明的名为 Genghis 的六足昆虫机器人。这种昆虫可以通过使用简单的逻辑规则来行走和探索。1998 年，Tiger Electronics 发布了形似猫头鹰的机器人 Furby，它的销量在几年内就超过了 4000 万台。虽然 Furby 是一个非常简单的机器人，但它说的“Furbish”语言随着时间的推移会逐渐转化为英语，让人感觉它可以如人类一般学习语言。最后，波士顿动力公司和合作伙伴于 2005 年制造出了 4 条腿机器人 BigDog，它因为能够穿越多种困难地形而闻名。

也许当代最具标志性的机器人之一是本田汽车公司在 2000 年强力推出的 ASIMO 机器人（Advanced Step in Innovative Mobility, ASIMO）。这种人形机器人高 130 厘米，体内配置了摄像头和各类传感器，能够通过行走实现自主导航。ASIMO 不仅可以识别手势、人脸和声音，还可以抓取物体。

毫无疑问，复杂的未来将对人工智能产生持续需求，机器人将在与人类协作方面发挥越来越大的作用。也许有一天，像 ASIMO 这样的机器人将会帮助年老体弱的人。然而，正如控制论先驱诺伯特·维纳所警告的那样，“未来世界将是更为激烈的智力极限挑战，而非一个我们可以躺在里面被机器人奴隶伺候的舒适吊床。”

· 摩托人埃列克托（1939 年），机器人沙基（1966 年），机器人 AIBO（1999 年），Roomba（2002 年），火星上的人工智能（2015 年）

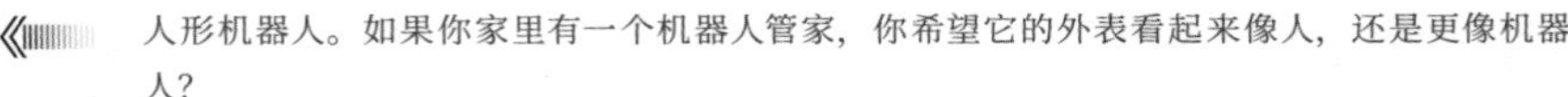

人形机器人。如果你家里有一个机器人管家，你希望它的外表看起来像人，还是更像机器人？

2001 年

斯皮尔伯格的《人工智能》

史蒂芬·斯皮尔伯格（Steven Spielberg，1946— ）执导的电影《人工智能》，是一部发人深省的作品，它让我们对人工智能的未来产生了质疑。同样让人产生疑问的还有人工智能安卓男孩大卫（David）的能力。片中的大卫被当作礼物送给了一位思念自己孩子的母亲。这部电影改编自英国作家布莱恩·阿尔迪斯（Brian Aldiss，1925—2017）于 1969 年写下的故事——《玩转整个夏天的超级玩具》（*Supertoys Last All Summer Long*）。尽管这部电影创作始于 20 世纪 70 年代，但它直到 2001 年才发行，导演斯坦利·库布里克（Stanley Kubrick）获得了电影版权。

影片的大部分内容都是在讲大卫和母亲分离之后，试图重新回到母亲身边的故事。一只人工智能泰迪熊陪伴着大卫一起寻找蓝仙女（灵感来自迪士尼电影《木偶奇遇记》）。大卫相信蓝仙女能够让自己成为一个真正的人。在其中的一段旅途中，他的创造者告诉大卫，“蓝仙女代表了人类不切实际的幻想，这是人类的巨大弱点，但同时蓝仙女也代表了人类追寻梦想的能力，这又是人类的伟大天赋，而这些是在你之前的所有机器人都不具备的东西。”

影片的观众对机器人是否真的具有爱的能力进行了激烈的讨论。其中电影评论家罗杰·埃伯特（Roger Ebert，1942—2013）认为机器人只是“一个被电脑程序控制的提线木偶”。在影片的末尾，动画切换到 2000 年之后，大卫遇见了有着细长身体的外星人工智能，他们由大卫这样的机器人进化而来，对大卫特别感兴趣，因为他是最后一个真正接触过人类的机器人。他们让大卫和他早已去世的人类母亲的克隆体在一个虚拟的梦境中度过了最后一晚。《帝国之梦》（*Empire of Dreams*）的作者安德鲁·戈登（Andrew Gordon）在回顾这部伤感但发人深省的电影时写道：“我们把自己和机器人进行对比，试图定义是什么使我们成为人类。我们担心随着人类变得更加机器人化，我们创造的东西却更加人类化，它们最终可能超越甚至取代我们……机器人因为梦想成为真正的人类，然而梦想却成了人类仅存的所有。”

•《缔造美的艺术家》(1844 年)，超人类主义 (1957 年)，《银翼杀手》(1982 年)

《木偶奇遇记》成为启发斯坦利·库布里克创作一个幻想着成为人类男孩的人工智能木偶的灵感之一。

2002 年

破解游戏 Awari

人工智能研究人员在游戏程序开发上投入了巨大的心血——既把它们当作测试人工智能策略的手段，同时也突破了软件和硬件的限制。游戏历史上一个有趣的例子是具有 3500 年历史的非洲棋盘游戏 Awari。它是一个计数-俘获类游戏，也是属于 Mancala 的策略类游戏，在不同国家有着不同的名字。

Awari 棋盘由两排组成，每排有六个杯形的凹槽，一排凹槽属于一个玩家。游戏开始时，每个凹槽里放置有四个标记物（可以是豆子、种子或鹅卵石等）。轮到某玩家时，该玩家从自己的六个凹槽中选择一个，取出其中所有的种子，并从这个凹槽开始逆时针地在每个凹槽中放一颗种子。接着第二个玩家也从自己的六个凹槽中选择一个，并取出其中的种子，按照同样的方式放置。当一个玩家在对方一侧放入自己的最后一颗种子时，如果凹槽里原本只有一颗或者两颗种子（即放入后有两颗或者三颗种子），那么该玩家就可以获得凹槽中的所有种子。当空凹槽前方的凹槽中有两颗以上的种子时，该玩家可以将这个凹槽中所有的种子都取走。在该游戏中，玩家只能从对手的棋盘上取走种子。当一个玩家的凹槽里没有种子时，游戏结束，种子多者获胜。

虽然 Awari 对人工智能的研究人员有着巨大的吸引力，但是在 2002 年前，还没有人知道这个游戏是否会像井字棋那样，如果从一开始就使用完美的游戏策略便会导致游戏以平局结束。最后，来自阿姆斯特丹自由大学的计算机科学家约翰·W. 罗密恩（John W. Romein，1970— ）和亨利·E. 巴尔（Henri E. Bal，1958— ）写了一个程序来计算这个游戏中可能出现的 889 063 398 406 种情况的结果，并证明了只有当游戏双方都采用完美的策略时 Awari 才会以平局结束游戏。这些计算需要含 144 个处理器的计算机集群花费大约 51 个小时才能完成。

“我们毁了一个完美的游戏吗？”罗密恩和巴尔问道，“我们不这么认为。四子棋也被破解了，但人们仍然在玩这个游戏。人们也还在玩其他已经被破解的游戏。”

· 井字棋（约公元前 1300 年），珠玑妙算（1970 年），双陆棋冠军被击败（1979 年），四子棋（1988 年），国际跳棋与人工智能（1994 年），奥赛罗（1997 年）

Awari 深深吸引了人工智能领域的研究人员。2002 年，计算机科学家计算出了比赛中所有可能的 889 063 398 406 个结果，并证明了只有当游戏双方都采用最优策略时游戏才会以平局结束。

2002 年

Roomba

iRobot 公司推出 Roomba® 真空扫地机器人一年后，记者蒙特 · 雷尔（Monte Reel）写道："机器人革命是如何以 Roomba 揭开序幕的呢？Roomba 是一个真空自动扫地机器人，你的宠物猫看到它时可能会被迷惑或者被吓一跳。Roomba 在一场会议上偶然诞生，会上来自 iRobot 的工程师们分享了自己的灵感、雄心和对做家务的反感，这些工程师包括了人工智能研究人员以及地外无人飞行器设计师。"

Roomba 自动真空扫地机器人于 2002 年上市，配备有多种传感器用来检测地板上的灰尘，感知可能致其跌落的楼梯和遇到物体时改变行进方向。900 系列还带有一个摄像头来辅助导航软件以实现对地板区域的高效覆盖。当 Roomba 的电池电量较低时，它可以通过红外信号灯来寻找充电器。其自身携带的声学污垢传感器能够帮助它检测某些可能需要特别注意的污渍。Roomba 依靠螺旋形的清洁路径、随机行走和其他方法来实现对地板的覆盖。

Roomba 的软件中有很多是用 LISP 语言的变体来编写的。现在，很多黑客们利用 Roomba 的开放接口（Roomba Open Interface, ROI）来修改设备软件以实现其他功能，比如将 Roomba 改造成一个绘画机器人或者是用来进行监控，黑客们对这些事乐此不疲。

Roomba 是一大类家庭服务型机器人的代表。当然，因为这些设备变得愈加复杂，隐私问题随之而来。如今，关于用户家庭地图隐私的争论日益激烈，人们很容易担忧，这些地图会被 iRobot 公司收集，以用在预测用户的房屋和生活方式等相关的业务中。警察在调查犯罪案件的过程中，也可能会参考这些机器人的信息。

· 机器人沙基（1966 年），无人驾驶汽车（1984 年），ASIMO 和朋友们（2000 年），火星上的人工智能（2015 年）

改进版的真空自动扫地机器人已经被业余爱好者入侵以改变其功能，令机器人绘制房间地图，画螺旋形曲线，与其他机器人对战或者是用相机监控，等等。

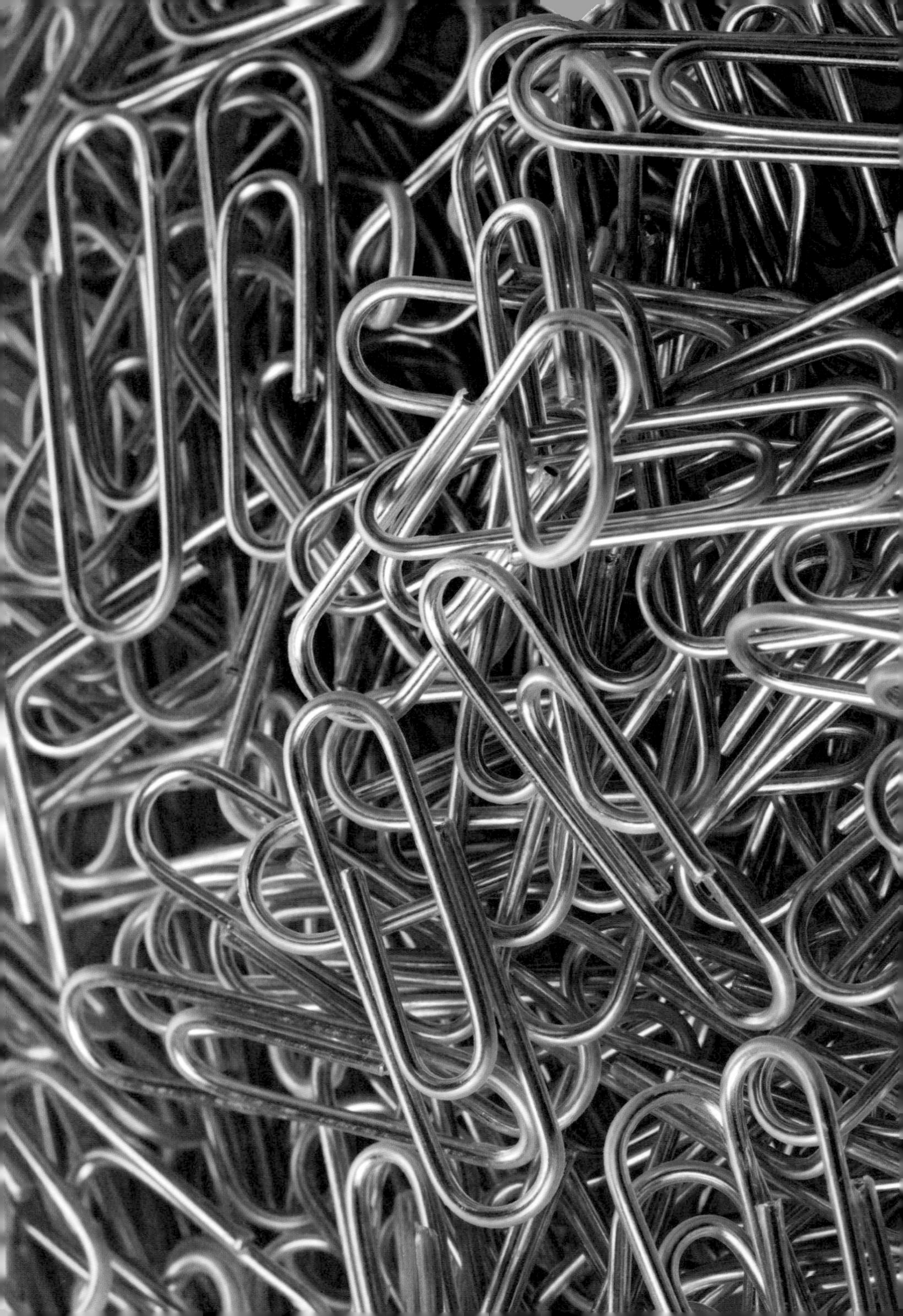

2003 年

回形针最大化的灾难

089

即使高智高能的人工智能十分有用，但它们在未来仍可能会带来危险。哲学家兼未来主义者尼克·博斯特罗姆在 2003 年讨论的回形针最大化带来的恐惧就是一个著名的例子。想象一下，在未来，一个人工智能系统掌控一系列工厂去生产回形针，它被赋予了生产尽可能多的回形针的目标任务。如果这个系统没有受到足够的约束，我们可以想象到它能够优化自己的目标：一开始，它会尽可能地提高工厂的生产效率，然后会把越来越多的资源投入到回形针的生产，直到大多数的土地和工厂都被用于这一任务。最终，地球乃至太阳系的所有可用资源都会被投入这个任务中，一切都会被变成回形针。

虽然这个案例听起来不可信，但是它的目的是让我们关注一个严重的问题，即人工智能可能并不具备类似人类的动机，以至于我们无法真正地理解它们。正如《智能爆炸》（*Intelligence Explosion*）的章节中所讨论的那样，如果人工智能能够进化并不断改进，那它们所具有的目标即使是无害的，也可能变得十分危险。人类如何确保人工智能的目标及其组成的数学奖励和效用函数在数十年及数百年内保持稳定并可被理解？有用的“关闭键”如何保持可用？如果人工智能对外部世界失去了兴趣，把自己的精力都投入最大化奖励函数上去，就像“嗑药”了一样要脱离社会，我们该怎么办？我们又该如何应对不同国家和地域政治组织为人工智能使用不同的奖励函数？

另一个著名的例子是马文·明斯基提出的“黎曼猜想灾难”——超级人工智能系统被用于解决这个既困难又重要的数学猜想。这样的系统会把越来越多的计算资源和能源投入到任务中去，以牺牲人类利益为代价来接管并创建不断改进的系统。

·《机器中的达尔文》（1863 年），智能爆炸（1965 年），防漏的“人工智能盒子”（1993 年）

虽然人工智能系统被设定去完成一个有益的任务，比如高效地制造回形针，但是如果这个系统决定将地球上尽可能多的资源转换为生产回形针的原料，我们该怎么办？

2006 年

Quackle 赢得拼字游戏

"国际象棋领域有深蓝，"计算机技术记者马克·安德森（Mark Anderson）写道，"'危险边缘'里有沃森（Waston）。正如畅销书及电影《点球成金》（*Moneyball*）里记录的那样，棒球也有属于自己的赛博计量学。对于每一款游戏、每一场比赛，数据挖掘技术都颠覆了游戏的玩法。"2006 年，在加拿大多伦多举行的拼字游戏（Scrabble®）锦标赛上，计算机程序 Quackle 击败了前世界冠军大卫·博伊斯（David Boys），这一事件标志着人工智能在与文字相关的游戏的应用上取得了振奋人心的进展。即使博伊斯输掉了 5 场比赛中的 3 场，但他还是坚持说："做个人还是要比做台计算机好。"

拼字游戏是美国建筑师阿尔弗雷德·巴特斯（Alfred Butts，1899—1993）于 1938 年发明的。玩拼字游戏时，双方将牌放在由 15×15 的方阵组成的棋盘上。在英文版本里，每张牌上有一个字母，并根据该字母在英语语言中出现的频率给它们标记一个在 1 至 10 之间的数字。例如元音字母为 1 分，"Q" 和 "Z" 为 10 分。游戏双方交替出牌，他们放牌的目标是让每行或每列的字母组成一个单词。

这个游戏其实相当复杂，它所涉及的不仅仅是语言中的单词知识。例如，预测哪些字母仍然可以使用，以及选择哪些可以提高分数的放牌位置等游戏策略。拼字游戏被认为是一个像扑克那样信息不完全的游戏，因为对手的牌是看不见的。

Quackle 通过使用一个评估函数在现有棋局的基础上进行模拟来确定要放的牌。这个程序由包括杰森·卡茨-布朗（Jason Katz-Brown）在内的一个团队开发，杰森本人也是世界上排名靠前的拼字游戏玩家之一。在研究中，比较有趣的是开发者们已经让 Quackle 和它自己对玩了很多次，以此来更好地理解在一个回合中不同单词的价值以及对手下一次可能会使用的单词。

另参见 · 四子棋（1988 年），深蓝战胜国际象棋冠军（1997 年），奥赛罗（1997 年），AlphaGo 夺冠（2016 年），人工智能扑克（2017 年）

在拼字游戏中，每张牌都有一个字母，根据其在英语中的使用频率，将该字母的值标注在 1 到 10 之间。元音字母只值 1 分。

2011 年

“危险边缘”里的沃森 091

曾获得过游戏节目“危险边缘”(Jeopardy!®) 冠军的选手肯·詹宁斯(Ken Jennings, 1974—) 这样记录他与人工智能沃森的比赛，“当我在‘危险边缘’的特别环节——人机对抗中，被选为两个人类选手之一，并与 IBM 的沃森超级计算机进行较量时，我感到很荣幸，甚至英勇。我把自己想象成碳基生命对抗新一代思维机器的伟大希望……”

沃森是一个问答计算机系统，它使用自然语言处理、机器学习、信息检索等技术，在涉及一般知识提示的游戏中击败了 2011 年的世界冠军。因为计算机系统需要在考虑英语句子歧义的同时在几秒钟之内提供答案，而且提供的答案中还含有双关语、幽默用语、谜语、文化引用、特殊语境以及很符合人类直觉的押韵，所以这项任务比象棋更为困难。

为了完成这项任务，沃森使用了数千个并行处理单元，以及存储在其 RAM 内存中的信息，如整个维基百科语料库(因为在比赛中对硬盘的访问速度太慢)。由于沃森在比赛期间不可以上网，所以所有信息都必须存储在本地。为了得到答案，沃森会同时比较多个独立分析算法的结果。如果越多的算法都得出了同一个答案，那么它是正确答案的可能性会越高。沃森一直用置信度为不同答案打分，当置信度足够高时，沃森就会给出该答案。

在失利后，詹宁斯写道：“输给硅谷并不羞耻……毕竟，我没有 2880 个处理器核心和 15 TB 的参考文献可供使用。在我知道答案后，也不能在最短的时间内做出回答。与价值不菲的超级计算机相比，我这个人类大脑只有价值几块钱的水、盐和蛋白质。”

· 自然语言处理 (1954 年)，机器学习 (1959 年)，深蓝战胜国际象棋冠军 (1997 年)，Quackle 赢得拼字游戏 (2006 年)

代表 IBM 沃森的球形形象是在 IBM 的智慧地球 (Smart Planet) 图标的基础上设计的，在“危险边缘”比赛的展示中，它的颜色和动作会根据比赛状态和答案的置信度而改变。

2015 年

计算机艺术和 DeepDream

根据散文家乔纳森·斯威夫特（Jonathan Swift，1667—1745）的说法，“视觉是看到无形物的艺术。”这种在艺术、科学和数学的边缘发现新模式的想法，当然也适用于许多借助计算机、算法、神经网络以及其他形式的人工智能辅助生产的艺术类别。德斯蒙德·保罗·亨利（Desmond Paul Henry，1921—2004）的作品及他自 1961 年左右开始使用的模拟计算机绘图机对计算机艺术进行了早期探索。1962 年，美国工程师 A. 迈克尔·诺尔（A. Michael Noll，1939— ）因研究使用随机方法和算法程序生成视觉艺术而出名，在英国出生的艺术家哈罗德·科恩（Harold Cohen，1928—2016）于 1968 年创建了 AARON——一个可以自主进行艺术创作的人工智能计算机绘图程序。

最近关于计算机艺术的一个例子是 2015 年由谷歌工程师亚历山大·莫德文特塞夫（Alexander Mordvintsev）和他的同事一起开发的计算机视觉程序 DeepDream，它可以和诸多使用者进行合作。这个程序使用人工神经网络（artificial neural network，ANN)）去搜索和增强图像中的模式，取得了令人震惊的效果。为了更好地理解 DeepDream，我们可以想象神经网络能够通过大量的图片进行训练，从而对输入图片中的特征（比如，花栗鼠或者停车标志）进行识别分类。通过“反向运行”神经网络，DeepDream 在图像中寻找模式，并以某种方式放大这些模式，有点像我们仰望云层并开始看到动物形状的时候。人工神经网络的每一层逐步提取更高级的特征，例如，第一层可能对角和边缘敏感，而靠近输出层的神经元可能在检查复杂特征。神经网络生成的图片不仅有趣且细节丰富，并且它们可以提供一种特定的由人工神经网络处理的抽象的感觉。

DeepDream 创作的艺术作品与服用致幻药剂的人产生的幻觉具有相似性。这表明，DeepDream 或许可以帮助研究者更好地了解人工神经网络与大脑视觉皮层中真实的神经网络之间的关系。此外，DeepDream 还可以帮助研究人员阐明大脑是如何找到模式进而理解语义的。

· 计算创造力（1821 年），人工神经网络（1943 年），深度学习（1965 年），《控制论的意外发现》（1968 年）

DeepDream 创作的艺术品示例。该方法利用人工神经网络搜索和增强图像中的模式，产生了令人吃惊的结果。

2015 年

《请叫他们人造外星人》

《连线》(*Wired*) 杂志的创始执行编辑凯文·凯利(Kevin Kelly) 曾说过:“制造能思考的机器中最重要的一点是,它们的思维方式要有所不同。”他在 2015 年发表了一篇备受赞誉的文章《请叫他们人造外星人》(Call Them Artificial Aliens),其中写道:“为了解决当前量子引力、暗能量和暗物质的大谜团,我们可能需要人类以外的智慧。之后出现的极其复杂的问题可能需要更为先进和复杂的智能来解决。事实上,我们可能需要发明过渡智能来帮助我们设计更为稀缺的智能,而这些稀缺的智能是我们无法单独设计的。”

未来的问题极为深奥且困难,所以人类需要许多不同的“智能类型”去解决这些问题,同时还需要新的人造技术与这些智能交流。凯利在其文章的最后通过比较自主机器和外星人得出结论:“人工智能也可以代表外星人的智慧。我们不能确定在未来的 200 年里我们是否会接触外星生命,但我们几乎能百分之百确定,到那时我们已经制造出了外星智能。在面对这些人造外星人时,我们会遇到其带来的新的益处与挑战。这些益处和挑战同我们与来自其他星球的智慧生命体接触时所期待的一样。它们会迫使我们重新评估我们的角色、信仰、目标和身份。”

我们很难想象羚羊竟然能理解素数的意义,但是随着我们大脑的改变,以及人工智能接口的发展,我们可以完全接纳很多深奥的概念。虽然丝兰蛾的大脑只有几个神经节,但它在出生后就能识别出丝兰花的几何结构,那么人类有多少能力与天生的大脑皮层有关呢?当然,宇宙中可能有我们永远无法理解的地方,就像羚羊永远无法理解微积分、黑洞、符号逻辑和诗歌一样。对于不可理解的东西,我们只能管中窥豹。但也正是在人类现实和另一个现实之间朦胧的分界处,我们可能会发现超自然的东西,有些人或许会把它比作与人造的神灵共舞。

· 寻找灵魂 (1907 年),《巨脑:可以思考的机器》(1949 年),智能爆炸 (1965 年),人工生命 (1986 年)

凯利相信,在未来,我们将遇到“人造外星人”,即我们创造的生物。这将迫使我们处理和我们期望与其他星球的智能外星人建立联系时一样的利益和挑战。

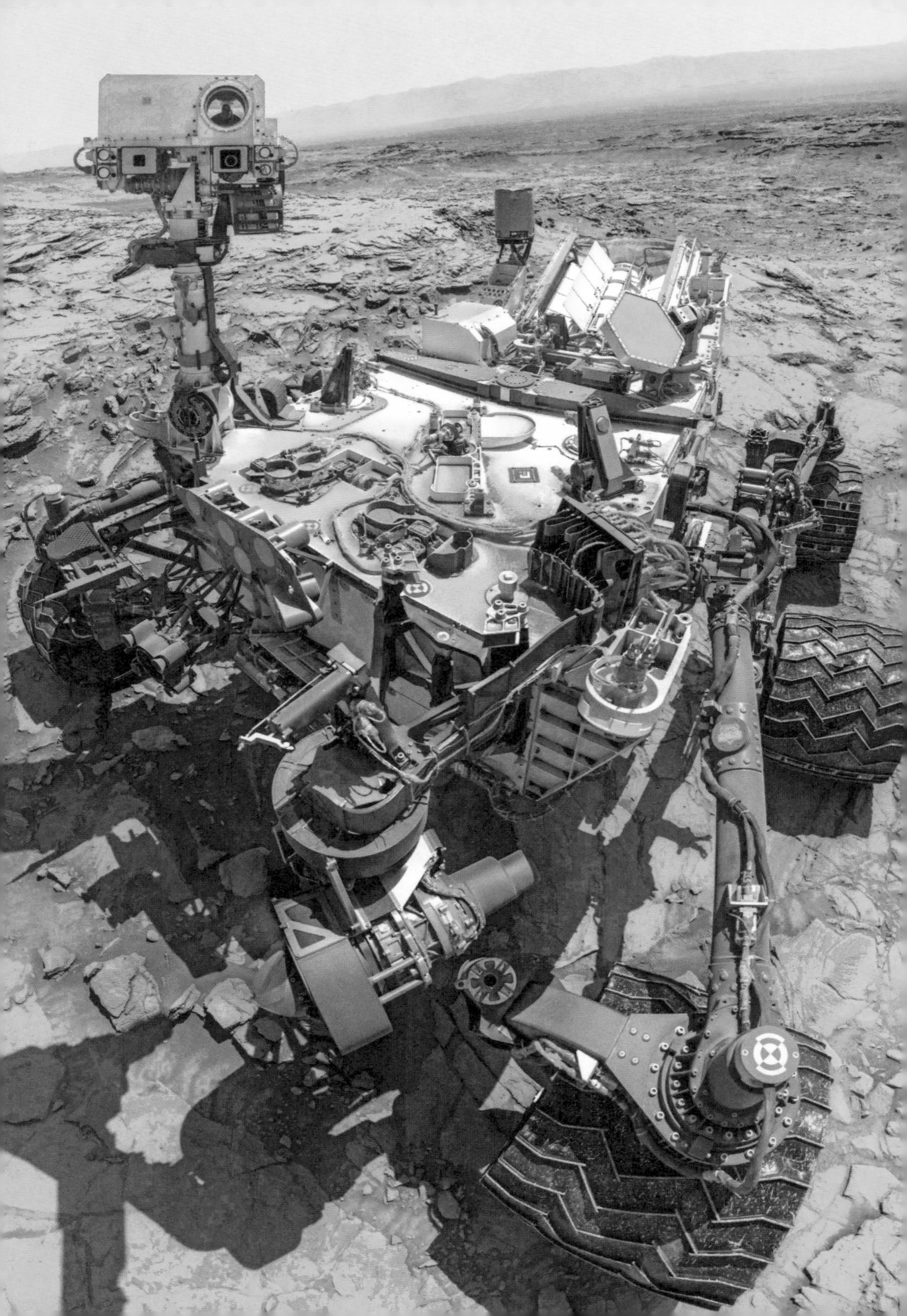

2015 年

火星上的人工智能

人工智能和自动化技术将在空间探索中发挥越来越大的作用，因为机器人航天器和探测器需要快速、明智地做出决定，特别是在它们无法与人类随时联系的情况下。当我们深入太阳系，甚至是将探测器送入遥远的卫星（如木星的木卫二）时，通信延迟会带来很多麻烦。

最近，美国宇航局的好奇号探测器将人工智能技术应用在了外太空，这引起了人们的广泛关注。它通过在火星上漫步来帮助我们判断这颗星球是否能够维持生命，同时也帮我们更好地了解火星的地质、气候和辐射模式。在 2015 年，一套名为“搜集优先科学目标自主探索”（Autonomous Exploration for Gathering Increased Science, AEGIS）的人工智能程序被安装到好奇号上，来辅助它完成探测任务。

“现在火星完全是由机器人居住的，”行星科学家雷蒙德·弗朗西斯（Raymond Francis）说，“其中一个机器人人工智能足够强大，可以自行决定使用激光攻击哪些目标。”如果好奇号发现特定的地表特征，它可以使用激光蒸发一小部分并检查结果光谱以估计岩石的成分。如有必要，它还可以使用它的长臂、显微镜和 X 光光度计进行更仔细的检查。此外，AEGIS 系统可以使好奇号自动选择目标岩石并进行精确定位，然后借助激光计算机视觉技术检查数字图像，并检测边缘、形状、尺寸、亮度等信息。记者玛丽娜·科伦（Marina Koren）指出：“好奇号运行的 380 万行代码中，仅 20 000 行左右的代码就可以把一个汽车大小的六轮核动力机器人变成一名实战科学家。”

总有一天好奇号的研究会为人类的探索之路鸣锣开道，而像 AEGIS 这样的系统则会借助机器学习和其他人工智能技术检测异常情况，从而在发生异常时提供帮助。由于好奇号有时会处于火星上远离地球的一侧，届时其将无法与地球通信或接收指令，而且与地球的通信也会消耗其探测器的能量，因此当通信有限或无法进行时，人工智能技术尤为重要。

· 机器人沙基（1966 年），无人驾驶汽车（1984 年），Roomba（2002 年）

好奇号的自拍像，拍摄于火星夏普山山麓，2015 年 10 月 6 日。

2016 年

AlphaGo 夺冠 095

德裔美国国际象棋与围棋专家爱德华·拉斯克（Edward Lasker，1885—1981）曾说："国际象棋中有许多巴洛克式规则，它们都是人们故意添加的，而围棋则不同，它的规则优雅自然，有着严密的逻辑，如果宇宙中还有其他智慧生物，我想他们也会爱上围棋。"

围棋在约公元前 2000 年起源于中国，是一项两人对战的棋类游戏。到了 13 世纪，围棋在中国广为流行并传入了日本。在游戏中，玩家交替在一个 19×19 的棋盘上放置黑白两色的棋子，如果一个或一组棋子被对方的棋子紧紧包围，则其将被移除。玩家的目标在于在棋盘上占据比对方更大的空间。围棋之所以复杂，是因为它的棋盘较大、策略复杂并且游戏中可能出现多种变化。事实上，可能出现的棋局数量要远超过宇宙中可见的原子数量。

2016 年，人工智能 AlphaGo 击败来自韩国的围棋选手李世石，成为第一个成功击败职业围棋选手的人工智能。AlphaGo 由一家于 2014 年被谷歌收购的英国人工智能公司 DeepMind Technologies 研发。AlphaGo 在技术上使用蒙特卡罗树搜索算法和人工神经网络来学习如何下棋。2017 年，一个名为 AlphaGo Zero 的新版本在不依赖人类比赛数据的情况下，学会了与自己进行数百万次对抗，然后迅速击败了 AlphaGo。从某种意义上说，AlphaGo Zero 发现并获得了人类数千年的洞察力、创造力，且通过短短几天的训练就创造了更好的方法。

谈及 AlphaGo 令人惊叹的棋艺，记者陈道恩（Dawn Chan）解释说："如今有很多说法，其中一种是大家觉得外星文明在我们中间放了一本秘籍，而在秘籍中我们能理解的部分是很精彩的。"

· 人工神经网络（1943 年），珠玑妙算（1970 年），深蓝战胜国际象棋冠军（1997 年），双陆棋冠军被击败（1979 年），奥赛罗（1997 年）

计算机程序 AlphaGo 击败了韩国围棋选手李世石，这是计算机程序第一次成功击败职业九段棋手。

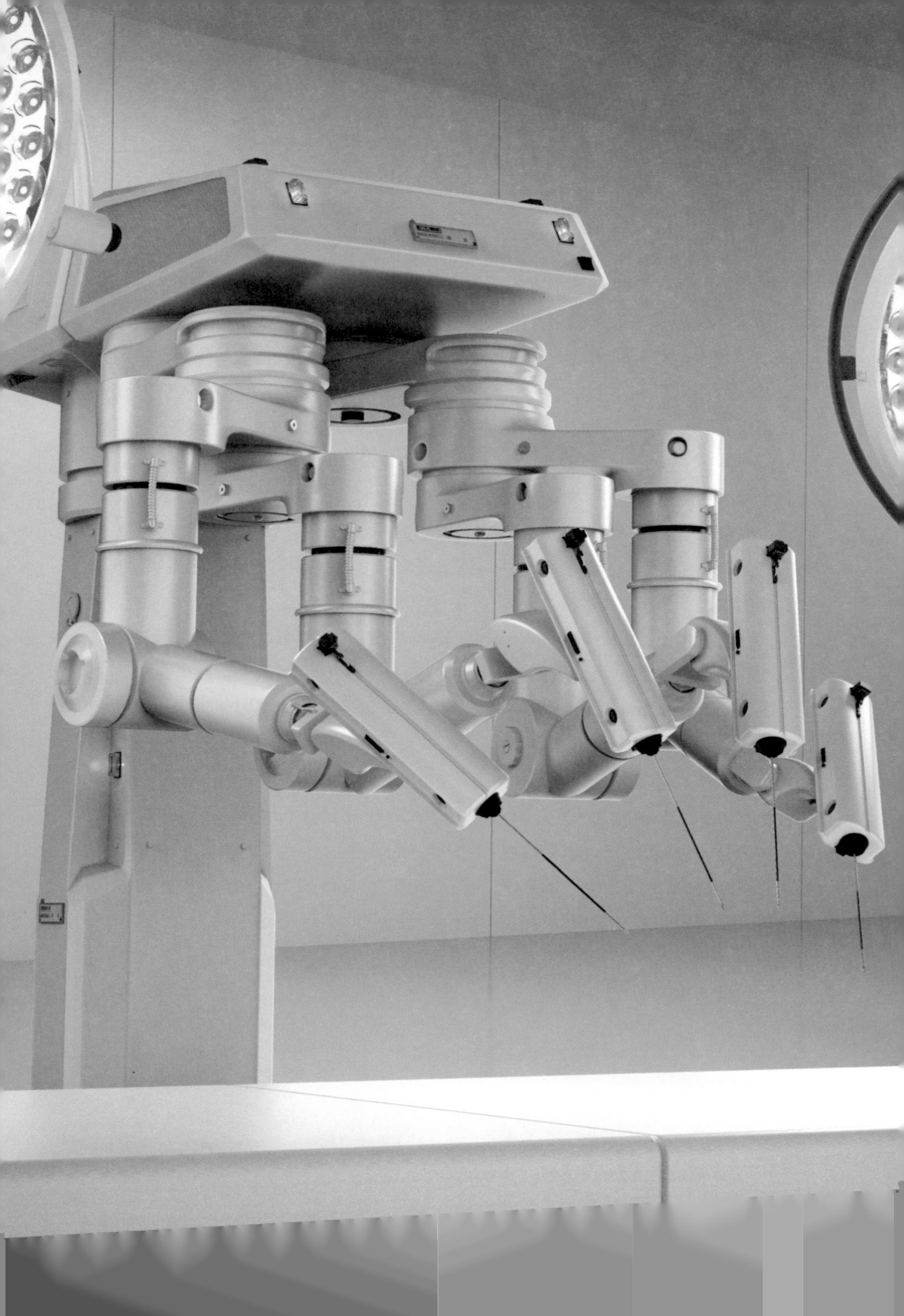

2016 年

自动机器人手术

2016 年，一款名为“智能组织自动机器人”（Smart Tissue Autonomous Robot，STAR）的机器手术系统，利用其自身增强的视觉、机器智能和灵巧性，在猪小肠上展示了其手术技能。与人类外科医生相比，STAR 的缝合线更均匀，同时它还对肠道接缝处做了防漏处理。在这个“有监督解剖”的例子中，STAR 的视觉系统依靠放置在肠道组织上的近红外荧光标签来帮助摄像头跟踪组织。STAR 计划安排了缝合任务，并根据组织的移动不断做调整。

随着机器人在外科手术中的应用逐渐增加，外科机器人的自主性日益增强，其发展历史给人留下了深刻的印象。机器人手术最流行的一种形式类似于腹腔镜手术，也被称为锁孔手术或微创外科手术。这种手术切口小，能减少失血并减轻疼痛，同时能加快患者恢复时间。与外科医生直接操纵插入患者体内的管状装置不同，机器人手术让外科医生能够舒服地坐在控制台上，通过查看从患者体内传回的三维图像来操纵连在几个机械臂上的仪器。不同于腹腔镜手术，机器人手术可以避免外科医生的手部颤抖，并通过对大幅度手部动作进行缩放，以实现更加精确的操控。在远程手术的新兴领域，外科医生可以通过连接到高速通信网络的机器人设备来对患者进行远程手术。

在 2000 年，美国外科医生曼尼·梅农（Mani Menon，1948— ）成为美国历史上第一位使用机器人进行前列腺癌手术的外科医生，同年他建立了美国第一个机器人前列腺切除中心。如今，机器人辅助腹腔镜被用于子宫切除术、心脏二尖瓣修复术、疝气修复术、胆囊切除术等。机器人也被用于在矫形手术、膝关节置换、毛发移植和 LASIK 眼科手术中来执行关键步骤。

· 致命的军事机器人（1942 年），无人驾驶汽车（1984 年），人工智能死亡预测器（2018 年）

想象一下，在未来的外科手术中，自动机器人利用自身的视觉系统和机器智能发挥着越来越大的作用。也许它们会成为手术室的英雄，因为它们能有效地从 CT 或 MRI 扫描中获取信息。

人工智能扑克

2017 年，许多新闻报道了两个不同的人工智能程序在德州扑克的游戏中击败了人类职业玩家，取得了巨大胜利。过去几年，人工智能已经在很多游戏中战胜了人类，比如象棋和围棋这类的完全信息博弈（所有信息对玩家可见）游戏。在德州扑克里，两个或多个玩家在游戏开始时会得到任意两张正面朝下的牌，在发下一组公开牌时，玩家需要选择“加注、跟注或者放弃”。此时，玩家拥有不完全的信息，这使得该游戏对计算机来说特别具有挑战性，并且需要一种“直觉”来决定获胜策略。另一个挑战是有很多可能的游戏场景（大约 10 160 个）。在不限注的德州扑克中，玩家通常要和多个伙伴协商制订投注策略，并经常虚张声势（例如，持有好牌却下注很低或只是为了迷惑对手而下注）。

尽管这些挑战存在，但是一个名为 Deepstack 的人工智能还是在一对一不限注的德州扑克上击败了职业玩家。这个人工智能程序使用了深度学习技术，通过数百万个随机生成的扑克游戏来和自己对抗，以训练人工神经网络达到发展超前扑克“直觉”的目的。还是在 2017 年，另一个名为 Libratus 的扑克人工智能程序，在一场为期 20 天的比赛中，击败了四个排名最高的德州扑克玩家。Libratus 并没有使用神经网络，而是采用了虚拟遗憾最小化算法（Counterfactual Regret Minimization）。在每一次游戏模拟后，该算法都会回顾自己的决策并寻找能优化策略的方法。有趣的是，Deepstack 能够在笔记本电脑上运行，Libratus 则需要更复杂的计算硬件。

值得注意的是，能够应对不完全信息的人工智能或许能在很多实际场景中发挥作用，比如预测房屋的最终售价或者是给新车谈个好价钱。有趣的是，虽然具备不同技能水平的扑克机器人已经存在了很多年，但是在人类的线上扑克游戏中，它们通常不会被允许充当助手。

· 人工神经网络（1943 年），深蓝战胜国际象棋冠军（1997 年），Quackle 赢得拼字游戏（2006 年），AlphaGo 夺冠（2016 年）

2017 年，人工智能在德州扑克中战胜了人类职业选手。在比赛中，由于不完全信息的存在，使得这个游戏对计算机而言充满了挑战，需要一种直觉来决定获胜策略。

2018 年

对抗补丁

想象一下，你可以把一个按钮别在你的衬衫上，或者把一个贴纸贴在停车标志上，就可以欺骗一个人工智能（例如，智能监控摄像头或自动驾驶汽车），让它们把你或标签当成你所希望的任意物品。这样的场景并不是臆想，同时这表明依靠使用机器学习以及音视频系统的人工智能做决策存在着风险。

2017 年，谷歌研究人员设计了一些带有彩色迷幻图案的圆形图像补丁以迷惑人工智能图像分类器。例如当补丁靠近物体时，人工智能系统会被欺骗，认为香蕉或任何物体都是烤面包机。以往使用其他方法的实验曾经欺骗人工智能系统，使其认为乌龟是步枪，步枪是直升机。虽然视觉对抗补丁可以被人类清晰地辨别，但观察者可能会将这些奇怪的图案（例如建筑物侧面的图形或者复杂的三维雕塑）误认为是艺术作品，人们不会意识到这些图案会让无人机把医院当作军事目标。

实验还发现，对抗补丁能使人工智能系统将停车标志识别为限速标志。过去的一些研究集中在人类无法察觉的变化上，比如改变图像中的几个像素。2018 年，加州大学伯克利分校的研究人员针对语音识别系统构建了音频对抗样本。换句话说，无论是什么音频波形，研究人员都可以生成一个几乎完全相同的波形，欺骗语音转文本系统将波形转录为研究人员选择的任何短语。

“对抗性机器学习”研究涉及在训练人工智能系统时操纵训练数据。尽管通过使用多个分类器系统，或尝试在训练期间对 AI 编程，使其不受对抗样本的干扰，这些方式可能可以防止对抗样本攻击，但许多 AI 应用中存在潜在的风险。

· 致命的军事机器人（1942 年），机器学习（1959 年），人工智能伦理（1976 年），无人驾驶汽车（1984 年）

对于一个未来的高级人工智能体而言，在其视野中看到并准确地理解物体有多困难？放在香蕉旁边的对抗补丁可以欺骗人工智能系统，迫使它们将香蕉识别成烤面包机。

United States Patent [19]

Rubik

[11] **4,378,116**

[45] **Mar. 29, 1983**

[54] **SPATIAL LOGICAL TOY**

[75] Inventor: **Ernö Rubik**, Budapest, Hungary

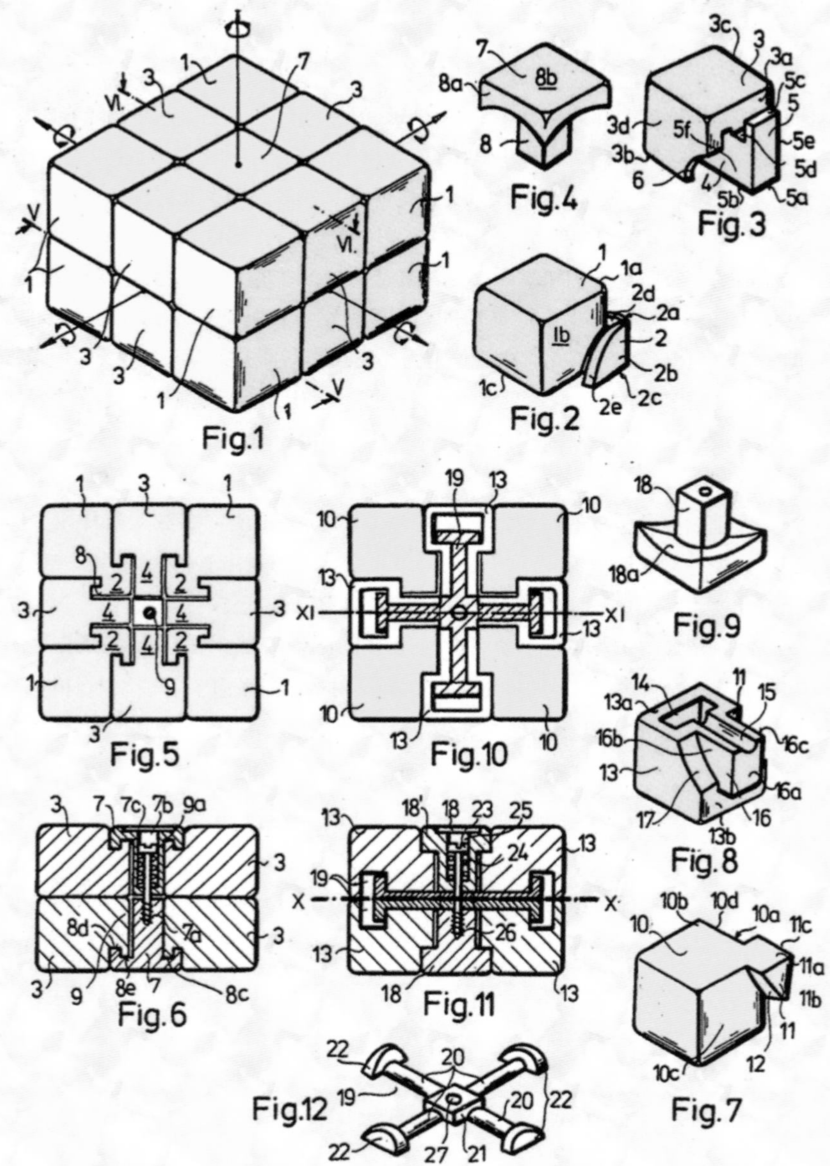

2018 年

魔方机器人

利用计算机视觉和物理控制器件组建机器人来解三阶魔方（Rubik's Cube®），对于人工智能工程师而言是一个流行的挑战。在过去的几年里，工程师们已经设计出了很多不同的机械装置。三阶魔方是由一位匈牙利发明家厄尔诺·鲁比克（Ernő Rubik）于 1974 年时发明的。截至 1982 年，匈牙利售出了 1000 万个魔方（令人吃惊的是，这个数目超过了匈牙利的总人口数）。据估计，迄今为止全球已售出 1 亿多个三阶魔方。

三阶魔方由 3×3×3 个有色小立方体组成，其配色方案使得大立方体的 6 个面分别为 6 种不同的颜色。魔方外部的 26 个小立方体通过内部的铰链连接，因此它的 6 个面可以进行旋转。这个挑战的目的是要将一个被打乱的魔方恢复到每个面仅有一种颜色的状态。小立方体有 4 325 200 327 448 985 600 种不同的排列，其中只有一种排列与初始状态的 6 个面上的颜色都相匹配。如果每一种排列都对应放置一个魔方，那这些魔方可以覆盖整个地球表面（包括海洋）大约 250 次。

2010 年，研究人员证明了任意一个处于初始状态的三阶魔方至少需要经过 20 次扭转才能恢复。2018 年，身手敏捷的三阶魔方机器人 Rubik's Contraption 终于突破了 0.5 秒的界限，在 0.38 秒内完成了魔方求解，其中包括图像捕捉、计算和移动时间。这个机器人由来自麻省理工学院机器人专业的学生本·卡茨（Ben Katz）和软件开发人员贾里德·迪卡洛（Jared DiCarlo）组建，使用了 6 台科勒莫根伺服电机（Kollmorgen ServoDisc）和 Kociemba 算法。相比之下，2011 年机器人解三阶魔方的世界纪录为 10.69 秒。还是在 2018 年，基于深度学习的机器人利用强化学习，在无须人类知识的情况下，学会了自己解三阶魔方。

四阶魔方是三阶魔方的变种，但从未在玩具商店出现过，它也被称为超立方魔方（Rubik's tesseract）。四阶魔方可能的位置组合数高达 1.76×10^{120}。如果从宇宙诞生开始算起，四阶魔方中的小立方体或者超立方体的位置每秒钟改变一次，那么直到现在，所有可能的状态依然没有穷尽。

· 汉诺塔（1883 年），强化学习（1951 年），机器人沙基（1966 年），ASIMO 和朋友们（2000 年）

厄尔诺·鲁比克 1983 年的美国专利 4378116“空间逻辑玩具”，图中为其内部原理。

40

DEATH

2019 年

人工智能死亡预测器 100

2016 年，斯坦福大学的研究人员训练了一个人工智能系统，它可以准确地预测一个人是否会在接下来的 3—12 个月内去世。本书想通过介绍这样一个非凡的应用来展示人工智能和深度学习技术在未来的广泛应用场景。

保守治疗旨在为那些被诊断为晚期且无法治愈的患者减轻痛苦并缓解其他症状。知道何时需要这种特殊护理可能会给患者、家庭和护理者带来益处，并有助于确定采用这种护理的最佳时机。为了开发人工智能“死亡程序”，斯坦福大学的团队使用了约 170 000 名死于诸如癌症、心脏和神经系统之类疾病的患者的信息。该团队将包括患者的诊断结果、医疗程序、医疗扫描代码、处方药在内的病例信息输入，以“教导”人工智能系统。随着神经元权重的更新，深度神经网络会得到训练。这个深度神经网络包括了 13 654 维的输入（比如，诊断结果和药品的编码），18 个隐藏层（每一层为 512 维）以及一个标量输出层。

最后，在那些预计在 3—12 个月内死亡的人中，有 90% 的确是在这个时间范围内死亡的。此外，被预测能活得比 12 个月长的病人中，有 95% 确实活了更长的时间。但是，正如医生悉达多·穆克吉（Siddhartha Mukherjee）最近在《纽约时报》一篇文章中解释的那样：“死亡预测系统确实可以学习知识，但它无法告诉我们它能学到知识的原因；它能够预测出概率，却无法表达预测背后的推理过程。这就像一个通过尝试并犯错而学会骑自行车的孩子一样，当要他描述骑自行车的规则时，他只是耸耸肩跑开了。当我们问算法‘为什么’时，它也只是茫然地看着我们。与死亡一样，这是另一个黑匣子。”然而，针对这些人工智能死亡预测器的研究仍在继续。2019 年，谷歌的研究人员表示，在预测人类寿命这个领域上，深度学习通过利用医院电子健康记录中的患者信息，能够取得比传统的统计学模型更好的结果。

· 深度学习（1965 年），人工智能伦理（1976 年），自动机器人手术（2016 年）

研究人员已经训练了一个人工智能系统来精确预测一个人是否会在 3—12 个月内死亡。如果你能知道你死亡的时间，你会选择提前知道吗？

注释和参考文献

“人工智能是进化的下一步，但这是不同的一步……一个人工智能设备不仅可以告诉另一个设备它所知道的一切，就像人类教师可以告诉学生他所知道的知识，它还可以告诉另一个设备关于自己的一切设计……基本上，人类的思维最不像上帝或计算机，而最像黑猩猩的思维，其设计初衷是为了适应在丛林或野外中生存。”

——爱德华·弗雷德金（Edward Fredkin），
引用自帕梅拉·麦考达克（Pamela McCorduck）的
《机器思维》

我编制了以下参考文献，列举了我用来研究和撰写这本书的一些材料，并提供了有关引用来源的信息。许多读者都知道，互联网中网站变化很快，有时候网址可能发生变化或者是消失了。在创作本书时，这里列举的网址提供了很有价值的参考信息。当查询以上的引用时，像维基百科（en.wikipedia.org）这样的在线资源可以作为有价值的起点，有时候我会把维基百科作为一个启动平台，同时辅以许多其他网站、书籍和研究论文。

如果我忽略了与人工智能相关的有趣或者关键的时刻或事件，导致你觉得这个时刻或事件并没有得到充分的肯定，请告诉我。你可以直接访问我的网站（pickover.com），并给我发邮件来解释自己的想法以及你如何看待这一事件对世界的影响。或许本书的后续版本将包括一个关于人工智能成果的完整目录，比如，罗科的蛇怪（Roko’s Basilisk）、生成式对抗网络（generative adversarial networks）、神经形态计算（neuromorphic computing）、贝叶斯网络（Bayesian networks）、西部世界（*Westworld*，电视连续剧）、战争游戏（*War Games*，1983 年的电影）、长短期记忆网络（long short-term memory, LSTM）等。最后，我要感谢本书的编辑梅雷迪思·黑尔（Meredith Hale）和约翰·梅尔斯（John Meils）以及丹尼斯·戈登（Dennis Gordon）、汤姆·埃里克森（Tom Erickson）、迈克尔·佩罗内（Michael Perrone）、特加·克拉塞克（Teja Krasek）和保罗·莫斯科维茨（Paul Moskowitz），感谢他们的意见和建议。

人工智能及其未来

Crevier, D., AI (New York: Basic Books, 1993).

Dormehl, L., *Thinking Machines* (New York: Tarcher, 2017).

McCorduck, P., *Machines Who Think* (Natick, MA: A. K. Peters, 2004).

Nilsson, N., *The Quest for Artificial Intelligence* (New York: Cambridge University Press, 2010).

Riskin, J., *The Restless Clock* (Chicago: University of Chicago Press, 2016).

Truitt, E., Medieval Robots (Philadelphia: University of Pennsylvania Press, 2015).

Walsh, T., *Machines That Think* (London: C. Hurst & Co., 2017).

本书的架构和目标

Hambling, D., "Lethal logic," *New Scientist*, vol. 236, no. 3151, p. 22, Nov. 11–17, 2017.

Reese, M., "Aliens, Very Strange Universes and Brexit—Martin Rees Q&A," *The Conversation*, April 3, 2017, http://tinyurl.com/mg3w6ez

Truitt, E., *Medieval Robots* (Philadelphia: University of Pennsylvania Press, 2015).

"Visual Trick Has AI Mistake Turtle for Gun," New Scientist, vol. 236, no. 3151, p. 19, November 11–17, 2017.

约公元前 400 年　塔洛斯

Haughton, B., *Hidden History: Lost Civilizations, Secret Knowledge, and Ancient Mysteries* (Franklin Lakes, NJ: New Page Books, 2007).

约公元前 250 年　克特西比乌斯的水钟

Dormehl, L., *Thinking Machines* (New York: Tarcher, 2017).

约公元前 190 年　算　盘

Ewalt, D., "No. 2 The Abacus," *Forbes*, August 30, 2005, http://tinyurl.com/yabaocr5

Krimmel, J., "Artificial Intelligence Started with the Calendar and Abacus," 2017, https://tinyurl.com/y5tnoxbl

约公元前 125 年　安提基西拉机器

Garnham, A., *Artificial Intelligence: An Introduction* (London: Routledge, 1988).

Marchant, J., "The Antikythera Mechanism: Quest to Decode the Secret of the 2,000-Year-Old Computer," March 11, 2009, http://tinyurl.com/ca8ory

1206 年　加扎利的机器人

Hill, D., *Studies in Medieval Islamic Technology*, ed. D. A. King (Aldershot, Great Britain: Ashgate, 1998).

约 1220 年　兰斯洛特的铜骑士

Riskin, J., *The Restless* Clock (Chicago: University of Chicago Press, 2016).

Truitt, E., *Medieval Robots* (Philadelphia: University of Pennsylvania Press, 2015).

约 1300 年　赫斯丁机械公园

Bedini, S., "The Role of Automata in the History of Technology," *Technology and Culture*, vol. 5, no. 1, pp. 24–42, 1964.

Lightsey, S., *Manmade Marvels* in Medieval Cultures and Literature (New York: Palgrave, 2007).

约 1305 年　拉蒙·勒尔的《伟大的艺术》

Dalakov, G., "Ramon Llull," http://tinyurl.com/ybp8rz28

Gray, J., "'Let us Calculate!': Leibniz, Llull, and the Computational Imagination," http://tinyurl.com/h2xjn7j

Gardner, M., *Logic Machines and Diagrams* (New York: McGraw-Hill, 1958).

Madej, K., *Interactivity, Collaboration, and Authoring in Social Media* (New York: Springer, 2016).

Nilsson, N., *The Quest for Artificial Intelligence* (New York: Cambridge University Press, 2010).

1352 年　宗教自动装置

Coe, F., *The World and Its People, Book V, Modern Europe*, ed. L. Dunton (New York: Silver, Burdett, 1896).

Fraser, J., *Time, the Familiar Stranger* (Amherst: University of Massachusetts Press, 1987).

约 1495 年　达 · 芬奇的机器人骑士

Phillips, C., and S. Priwer, *The Everything Da Vinci Book* (Avon, MA: Adams Media, 2006).

Rosheim, M., Leonardo's Lost Robots (New York: Springer, 2006).

1580 年　傀　儡

Blech, B., "Stephen Hawking's Worst Nightmare? Golem 2.0" (tagline), *The Forward*, January 4, 2015, http://tinyurl.com/yats534k

1651 年　霍布斯的《利维坦》

Dyson, G., *Darwin among the Machines* (New York: Basic Books, 1997).

1714 年　意识磨坊

Bostrom, N., "The Simulation Argument: Why the Probability that You Are Living in a Matrix is Quite High." *Times Higher Education Supplement*, May 16, 2003, http://tinyurl.com/y8qorjcf

Moravec, H., "Robot Children of the Mind." In David Jay Brown's *Conversations on the Edge of the Apocalypse* (New York: Palgrave, 2005).

1726 年　拉加多写书装置

Weiss, E., "Jonathan Swift's Computing Invention." *Annals of the History of Computing*, vol. 7, no. 2, pp. 164–165, 1985.

1738 年　德 · 沃康森的鸭子机器人

Glimcher, P., *Decisions, Uncertainty, and the Brain: The Science of Neuroeconomics*. (Cambridge, MA: MIT Press, 2003).

Riskin, J., "The Defecating Duck, or, the Ambiguous Origins of Artificial Life." *Critical Inquiry*, vol. 29, no. 4, pp. 599–633, 2003.

1770 年　土耳其机器人

Morton, E., "Object of Intrigue: The Turk, a Mechanical Chess Player that Unsettled the World." August 18, 2015, http://tinyurl.com/y72aqfep

1774 年　雅克-德罗自动装置

Lorrain, J., *Monsieur De Phocas* (trans. F. Amery) (Sawtry, Cambridgeshire, UK: Dedalus, 1994).

Riskin, J., *The Restless Clock* (Chicago: University of Chicago Press, 2016).

1818 年　《科学怪人》

D'Addario, D., "The Artificial Intelligence Gap Is Getting Narrower," *Time*, October 10, 2017, http://tinyurl.com/y8g5bu5o

Gallo, P., "Are We Creating a New Frankenstein?" *Forbes*, March 17, 2017, http://tinyurl.com/ycsdr6gt

1821 年　计算创造力

Colton, S., and G. Wiggins, "Computational Creativity: The Final Frontier?" *In Proceedings of the 20th European Conference on Artificial Intelligence*, 2012.

1854 年　布尔代数

Titcomb, J., "Who is George Boole and Why is He Important?" *The Telegraph*, November 2, 2015, http://tinyurl.com/yb25t8ft

1863 年　《机器中的达尔文》

Wiener, N., "The Machine Age," 1949 unpublished essay for the *New York Times*, http://tinyurl.com/ybbpeydo

1868 年　《大草原上的蒸汽人》

Liptak, A., "Edward Ellis and the Steam Man of the Prairie," *Kirkus*, November 6, 2015, http://tinyurl.com/yadhxn7t

1907 年　蒂克 · 托克（滴答）

Abrahm, P., and S. Kenter, "Tik-Tok and the Three Laws of Robotics," *Science Fiction Studies*, vol. 5, pt. 1, March 1978, http://tinyurl.com/ybm6qv2y

Goody, A., *Technology, Literature and Cul-*

ture (Malden, MA: Polity Press, 2011).

1920 年 《罗素姆的万能机器人》

Floridi, L., *Philosophy and Computing* (New York: Taylor & Francis, 2002).

Stefoff, R., Robots (Tarrytown, NY: Marshall Cavendish Benchmark, 2008).

1927 年 《大都会》

Lombardo, T., *Contemporary Futurist Thought* (Bloomington, IN: AuthorHouse, 2008.)

1942 年 阿西莫夫的"机器人三大法则"

Markoff, J., "Technology: A Celebration of Isaac Asimov," *New York Times*, April 12, 1992, http://tinyurl.com/y9gevq6t

1943 年 人工神经网络

Lewis-Kraus, G., "The Great A.I. Awakening," *New York Times Magazine*, December 14, 2016, http://tinyurl.com/gue4pdh

1950 年 《人有人的用处》

Crevier, D., *AI* (New York: Basic Books, 1993).

Wiener, N., *The Human Use of Human Beings* (London: Eyre & Spottiswoode, 1950).

1952 年 语音识别

"Now We're Talking: How Voice Technology is Transforming Computing," *The Economist*, January 7, 2017, http://tinyurl.com/yaedcvfg

1954 年 自然语言处理

"701 Translator," IBM Press Release, January 8, 1954, http://tinyurl.com/y7lwblng

1956 年 达特茅斯人工智能研讨会

Dormehl, L., *Thinking Machines* (New York: Tarcher, 2017).

McCorduck, P., *Machines Who Think* (Natick, MA: A. K. Peters, 2004).

1957 年 超人类主义

Huxley, J., *New Bottles for New Wine* (London: Chatto & Windus, 1957).

Istvan, Z., "The Morality of Artificial Intelligence and the Three Laws of Transhumanism," *Huffington Post*, http://tinyurl.com/ycpx9bwa

Pickover, C., *A Beginner's Guide to Immortality* (New York: Thunder's Mouth Press, 2007).

1959 年 知识表示和推理

Nilsson, N., *The Quest for Artificial Intelligence* (New York: Cambridge University Press, 2010).

1964 年 伊丽莎心理治疗师

Weizenbaum, J., "ELIZA—A Computer Program for the Study of Natural Language Communication Between Man and Machine," *Communications of the ACM*, vol. 9, no. 1, pp. 36–45, 1966.

1964 年 人脸识别

West, J., "A Brief History of Face Recognition," http://tinyurl.com/y8wdqsbd

1965 年 专家系统

Dormehl, L., *Thinking Machines* (New York: Tarcher, 2017).

1965 年 模糊逻辑

Carter, J., "What is 'Fuzzy Logic'?" *Scientific American*, http://tinyurl.com/yd24gngp

1965 年 深度学习

Fain, J., "A Primer on Deep Learning," *Forbes*, December 18, 2017, http://tinyurl.com/ybwt9qp3

1967 年 虚拟人生

Davies, P., "A Brief History of the Multiverse," *New York Times*, 2003, http://tinyurl.com/y8fodeoy.

Koebler, J., "Is the Universe a Giant Computer Simulation?" http://tinyurl.com/y9lluy7a

Reese, M., "In the Matrix," http://tinyurl.com/y9h6fjyx.

1972 年 偏执狂帕里

Wilks, Y., and R. Catizone, "Human-Computer Conversation," arXiv:cs/9906027, June 1999, http://tinyurl.com/y7erxtxm

1975 年 遗传算法

Copeland, J., *The Essential Turing* (New York: Oxford University Press, 2004).

Dormehl, L., *Thinking Machines* (New York: Tarcher, 2017).

1979 年 双陆棋冠军被击败

Crevier, D., *AI* (New York: Basic Books, 1993).

1982 年 《银翼杀手》

Guga, J., "Cyborg Tales: The Reinvention of the Human in the Information Age," *in Beyond Artificial Intelligence* (New York: Springer, 2015).

Littman, G., "What's Wrong with Building Replicants?" in *The Culture and Philosophy of Ridley Scott* (Lanham, MD: Lexington).

1984 年 无人驾驶汽车

Lipson, H., and M. Kurman, *Driverless* (Cambridge, MA: MIT Press, 2016).

1986 年 群体智能

Jonas, David, and Doris Jonas, *Other Senses, Other Worlds* (New York: Stein and Day, 1976).

1988: Moravec's Paradox

Elliott, L., "Robots Will Not Lead to Fewer Jobs—But the Hollowing Out of the Middle Class." *The Guardian*, August 20, 2017, http://tinyurl.com/y7dnhtpt

Moravec, H., *Mind Children* (Cambridge, MA: Harvard University Press, 1988).

Pinker, S., *The Language Instinct* (New York: William Morrow, 1994).

1990 年 《大象不会下国际象棋》

Brooks, R., "Elephants Don't Play Chess," *Robotics and Autonomous Systems*, vol. 6, pp. 139–159, 1990.

Shasha, D., and C. Lazere, *Natural Computing* (New York: Norton, 2010).

1993 年 防漏的"人工智能盒子"

Readers may wish to become familiar with the concept of *Roko's Basilisk*, a thought experiment in which future AI systems retaliate against people who did not bring the AI systems into existence. In many versions of Roko's Basilisk, AIs retroactively punish people by torturing simulations of these people.

Vinge, V., "The Coming Technological Singularity." VISION-21 Symposium, March 30–31, 1993.

1994 年 国际跳棋与人工智能

Madrigal, A., "How Checkers Was Solved." *The Atlantic*, July 19, 2017, http://tinyurl.com/y9pf9nyd

1997 年 奥赛罗

Webermay, B., "Swift and Slashing, Computer Topples Kasparov." May 12, 1997, http://tinyurl.com/yckh6xko

2000 年 ASIMO 和朋友们

Wiener, N., *God and Golem* (Cambridge, MA: MIT Press, 1964).

2001 年 斯皮尔伯格的人工智能

Gordon, A., *Empire of Dreams: The Science Fiction and Fantasy Films of Steven Spielberg* (New York: Rowman & Littlefield, 2007).

2002 年 破解游戏 Awari

Romein, J., and H. Bal, "Awari is Solved." *ICGA Journal*, September 2002, pp. 162–165.

2002 年 Roomba

Reel, M., "How the Roomba Was Realized." *Bloomberg*, October 6, 2003, http://tinyurl.com/yd4epat4

2003 年　回形针最大化的灾难

It should be noted that AI researcher Eliezer Yudkowsky (b. 1979) has said that the paperclip maximizer idea may have originated with him. See the podcast "Waking Up with Sam Harris #116—AI: Racing Toward the Brink" (with Eliezer Yudkowsky).

2006 年　Quackle 赢得拼字游戏

Anderson, M., "Data Mining Scrabble." *IEEE Spectrum*, vol. 49, no. 1, p. 80.

2011 年　"危险边缘"里的沃森

Jennings, K., "My Puny Human Brain." *Slate*, Feb. 16, 2011, http://tinyurl.com/86xbqfq

2015 年　《请叫他们人造外星人》

Kelly, K., "Call them Artificial Aliens," in Brockman, J., ed., *What to Think About Machines That Think* (New York: Harper, 2015).

2015 年　火星上的人工智能

Fecht, S., "The Curiosity Rover and Other Spacecraft Are Learning to Think for Themselves." *Popular Science*, June 21, 2017, http://tinyurl.com/y895pq6k,

Koren, M., "The Mars Robot Making Decisions On Its Own," *The Atlantic*, June 23, 2017, http://tinyurl.com/y8s8alz6

2016 年　AlphaGo 夺冠

Chan, D., "The AI That has Nothing to Learn from Humans." *The Atlantic*, October 20, 2017. http://tinyurl.com/y7ucmuzo

Ito, J., and J. How, *Whiplash: How to Survive Our Faster Future* (New York: Grand Central Publishing, 2016).

2018 年　对抗补丁

Brown, T., et al., "Adversarial Patch," 31st Conference on Neural Information Processing Systems (NIPS), Long Beach, CA, 2017.

2019 年　人工智能死亡预测器

Avati, A., et al., "Improving Palliative Care with Deep Learning," *IEEE International Conference on Bioinformatics and Biomedicine (BIBM)*, Kansas City, MO, pp. 311–316, 2017.

Mukherjee, S., "This Cat Sensed Death. What if Computers Could, Too?" *New York Times*, January 3, 2018, http://tinyurl.com/yajko6pv

Rajkomar, A., et al., "Scalable and accurate deep learning with electronic health records," *npj Digital Medicine,* vol. 1, no. 18, 2018, http://tinyurl.com/ych74oe5

图片版权

Because several of the old and rare illustrations shown in this book were difficult to acquire in a clean and legible form, I have sometimes taken the liberty to apply image-processing techniques to remove dirt and scratches, enhance faded portions, and occasionally add a slight coloration to a black-and-white figure in order to highlight details or to make an image more compelling. I hope historical purists will forgive these slight artistic touches and understand that my goal was to create an attractive book that is aesthetically interesting for a wide audience. My fascination for the incredible depth and diversity of topics revolving around AI should be evident through the photographs and drawings.

Alamy: The Advertising Archives: 72; David Fettes: 154; richterfoto: 152; Science Photo Library: 128

Courtesy of International Business Machines Corporation, © (1962) International Business Machines Corporation: 88

Courtesy of Universal Studios Licensing LLC: endpapers, 126

Cyclopaedia: Abraham Rees: 6

Gallica: Robert de Boron: 14; Guillaume de Machaut: 16

Internet Archive: J.J. Grandville: 30; Ramon Llull: 18

iStock/Getty Images Plus: ChubarovY: 194; in-future: 194; Kickimages: 138; Paulbr: 158; Vera Petruk: 198; PhonlamaiPhoto: 190; JIRAROJ PRADITCHAROENKUL: 76; Rouzes: 110; sergeyryzhov: 8; Soifer: 192; Vladimir Timofeev: 156

Getty: Al Fenn: 90; Kyodo News/Contributor: 168; The Washington Post/Contributor: 180; Westend61: 82

Google Research Team: 194

Library of Congress: Charles Verschuuren: 64

New York World's Fair 1939-1940 records, Manuscripts and Archives Division, The New York Public Library/Mansfield Memorial Museum: endpapers, 68

Scientific American: 136

Shutterstock: 7th Son Studio: 146; Charles Adams: 124; Berke: 170; Black Moon: 44; gualtiero boffi: 122; Willyam Bradberry: endpapers, 48; camilla$$: 178; Chesky: 142; Esteban De Armas: 74; Digital Storm: 184; Dmitry Elagin: 52; Leonid Eremeychuk: 134; Evannovostro: 114; Everett Historical: 78; Ilterriorm: 166; Eugene Ivanov: back cover, 24; Ala Khviasechka: xii; Anastasiia Kucherenko: 120; MicroOne: 86; Morphart Creation: 26; MossStudio: 98; NadyaEugene: 150; Nor Gal: 164; Ociacia: back cover, 96; Phonlamai Photo: 60, 84, 108; Photobank gallery: 46; PHOTOCREO/Michal Bednarek: endpapers, 102; Saran_Poroong: 188; Glenn Price: 176; Quality Stock Arts: 174; R-Type: 130; ra2studio: 140; Robsonphoto: 212; Benjavisa Ruangvaree: 28; Tatiana Shepeleva: 100; Travel mania: 148; Trial: 172; Tsuneomp: 144; videodoctor: 118

Stanford University: Chuck Painter: 92

United States Patent and Trademark Office: 56, 62, 106, 112, 160, 196

Wikimedia: Rocky Acosta: 80; Ismail al-Jazari/MFA Boston: 12; Aquarius70: 162; Edward S. Ellis/Cover of "Steam Man of the Prairies": 50; Emesee/Electric Sheep: 40; David Iliff: 20; Jastrow/Ludovisi Collection: 4; Erik Möller, Mensch-Erfinder-Genie exhibit, Berlin: 22; Jessica Mullen: 182; NASA: back cover, 94, 132, 136; John R. Neill: 58; New York World's Fair 1939: 70; Joseph Racknitz/Humboldt University Library: 34; Rama: 36; William Bruce Ellis Ranken/Christie's: 104; SRI International: 116; Sybil Tawse/"Bulfinch's Mythology": 2; Robert Toombs/New York Five Cent Library: 54; Carston Ullrich: back cover, 42; Mogi Vicentini: 10; Theodore Von Holst: 38; Jiuguang Wang: 66

关于作者

克利福德·皮寇弗（Clifford Pickover）是一位多产的科普作家，涉猎主题从科学、数学到宗教、艺术及历史，出版超过四十本书，并被翻译成数十种语言，畅销全球。皮寇弗在耶鲁大学取得分子生物理化博士学位，在美国拥有一百多项专利，并担任多本科学期刊的编辑委员。他的研究屡屡见于CNN、《连线》杂志、《纽约时报》等重要媒体。他也是“里程碑”书系中《医学之书》和《物理之书》的作者。

《纽约时报》在描述他的工作、创造力和惊奇感时写道：“皮寇弗思考的是我们已知现实之外的领域。”据《连线》报道，“巴基·富勒的想法很伟大，阿瑟·C.克拉克的想法很伟大，但克利福德·皮寇弗的想法超过了他们两人。”《基督教科学箴言报》这样评价他：“克利福德·皮寇弗激发了新一代达芬奇人建造未知的飞行器，创造了新的蒙娜丽莎。”

图书在版编目（CIP）数据

人工智能之书 / (美) 克利福德 · 皮寇弗
(Clifford Pickover) 著 ; 李玉珂 , 王建功 , 王飞跃译
. —— 重庆 : 重庆大学出版社 , 2023.6
(里程碑书系)
书名原文 : Artificial Intelligence: An
Illustrated History

ISBN 978-7-5689-3754-2

Ⅰ . ①人… Ⅱ . ①克… ②李… ③王… ④王… Ⅲ .
①人工智能 – 普及读物 Ⅳ . ① TP18–49
中国国家版本馆 CIP 数据核字 (2023) 第 036368 号

人工智能之书

RENGONGZHINENG ZHI SHU

[美] 克利福德 · 皮寇弗　著
李玉珂　王建功 王飞跃　译

责任编辑 : 王思楠
责任校对 : 刘志刚
责任印制 : 张　策
装帧设计 : 鲁明静

重庆大学出版社出版发行
出版人：饶帮华
社址：(401331) 重庆市沙坪坝区大学城西路 21 号
网址：http://www.cqup.com.cn
印刷：重庆升光电力印务有限公司

开本：880mm × 1230mm　1/32　印张：7.25　字数：239 千
2023 年 6 月第 1 版　　2023 年 6 月第 1 次印刷
ISBN 978-7-5689-3754-2　定价：78.00 元

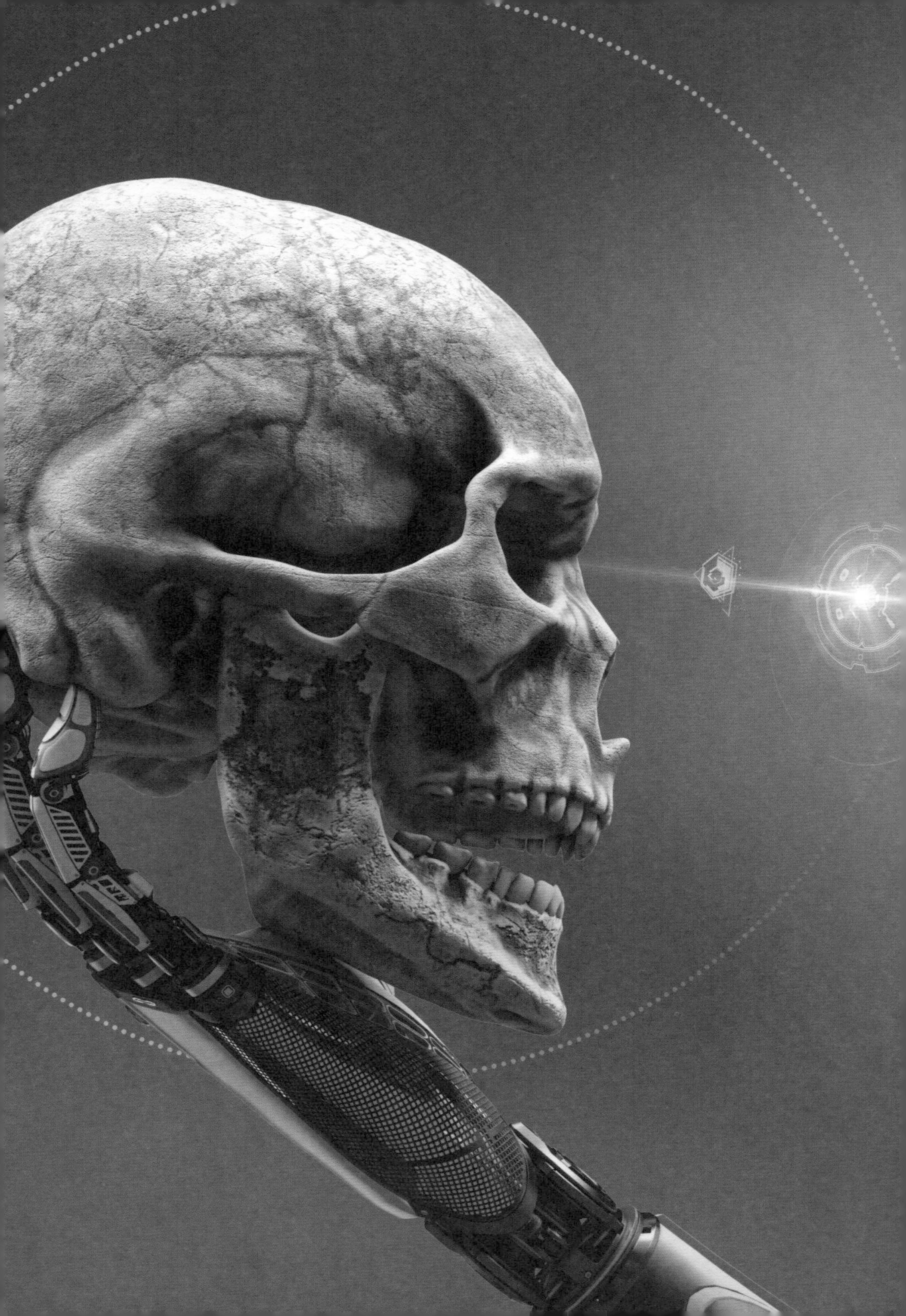